教材+教案+授课资源+考试系统+题库+教学辅助案例

U0310662

Premiere Pro CC
视频剪辑案例教程

黑马程序员 / 编著

中国铁道出版社有限公司
CHINA RAILWAY PUBLISHING HOUSE CO., LTD.

内 容 简 介

Premiere Pro 是 Adobe 公司推出的视频剪辑软件，被广泛应用在影视设计、广告设计等领域。在内容的安排上，本书涉及剪辑概述、素材导入及编辑、视频特技转场、应用视频特效、素材合成技巧、添加字幕和图形、设置音频、导出影片、获取视频素材等知识，并以一个综合案例收尾，按照一定的剪辑流程进行，力求让学生更加全面地掌握视频剪辑的相关知识，具备真正的视频特效制作能力。

第 1 章讲解了与视频剪辑相关的知识，如认识视频与视频剪辑、帧、场以及与 Premiere Pro CC 软件相关的知识，如软件的介绍、软件的界面以及基本操作等内容。第 2 ~ 8 章依次讲解了 Premiere Pro CC 从导入素材→编辑素材→添加字幕与音频→导出影片这个流程的具体操作，并配备一定的案例。第 9 章介绍了拍摄视频素材的相关知识，如景别、运镜、文案、拍摄设备、构图方法、剪辑技法等知识。第 10 章介绍了项目制作的大致流程，并使用第 9 章拍摄的视频素材，通过一个综合案例"春游记"，巩固本书第 1 ~ 8 章所学的知识。

书中附有源代码、习题、教学课件等资源，为帮助初学者更好地学习本书内容，还提供了在线答疑，希望得到更多读者的关注。

本书适合作为高等院校相关专业影视后期课程的教材，也可作为视频剪辑培训教材，亦可作为视频剪辑爱好者的参考用书。

图书在版编目（CIP）数据

Premiere Pro CC 视频剪辑案例教程/黑马程序员编著. —北京：中国铁道出版社有限公司,2021.1(2025.1 重印)

"十三五"应用技术型人才培养规划教材

ISBN 978-7-113-27370-5

Ⅰ.①P… Ⅱ.①黑… Ⅲ.①视频编辑软件-高等学校-教材 Ⅳ.①TN94

中国版本图书馆 CIP 数据核字(2020)第 207344 号

书　　名：**Premiere Pro CC 视频剪辑案例教程**
作　　者：黑马程序员

策　　划：翟玉峰		编辑部电话：(010)51873135
责任编辑：翟玉峰　许　璐		
封面设计：王　哲		
封面制作：刘　颖		
责任校对：孙　玫		
责任印制：赵星辰		

出版发行：中国铁道出版社有限公司(100054,北京市西城区右安门西街 8 号)
网　　址：https://www.tdpress.com/51eds
印　　刷：北京盛通印刷股份有限公司
版　　次：2021 年 1 月第 1 版　2025 年 1 月第 7 次印刷
开　　本：787 mm×1 092 mm　1/16　印张：16.25　字数：370 千
印　　数：30 001 ~ 36 000 册
书　　号：ISBN 978-7-113-27370-5
定　　价：59.80 元

随着短视频的兴起,剪辑技术的需求也越来越多,对于个人来说,除了工作需要外,还可以作为业余兴趣爱好,通过后期剪辑能够让拍摄的作品更加有韵味和故事性。对于企业来说,一个好的剪辑作品,可以有效地传播营销类信息、促进消费。在工作中,用到Premiere Pro软件的岗位有很多,如剪辑师、后期制作等。并且,面对热门的行业需求,许多其他行业的从业者也纷纷加入到视频剪辑的相关领域中。

虽然市场上可参考的图书较多,但往往讲解得不够透彻,案例与知识点匹配度不高,对于零基础或者基础薄弱的学员来说,学完整本书后,只是学会了软件的操作、工具的使用,并不能做到学以致用、完整地做一个项目。本书通过理论、案例和实战相结合的方法进行讲解,可帮助想从事影视工作的人从基础知识开始逐步深入学习,真正地做到学以致用。

根据党的二十大精神,在设计案例任务时优先考虑贴近生活的实事话题,让学生在学习新兴技术的同时掌握日常问题的解决,提升学生解决问题的能力;以二维码形式加入思政案例,引导学生树立正确的世界观、人生观和价值观,进一步提升学生的职业素养,落实德才兼备的高素质卓越工程师和高素质技术技能人才的培养要求。此外,编者依据书中的内容提供了线上学习的视频资源,体现现代信息技术与教育教学的深度融合,进一步推动教育数字化发展。

本书针对影视后期的人群,以既定的编写体例(理论＋案例)规划所学知识点。本书以剪辑的大致流程为主线,详细讲解了剪辑概述、素材导入及编辑、视频特技转场、应用视频特效、素材合成技巧、添加字幕和图形、设置音频、导出影片、获取视频素材等知识。同时以一个结合拍摄知识和项目流程等知识的综合案例收尾,力求让学生更加全面地掌握视频剪辑的相关知识,具备真正的项目制作能力。

在结构的编排上本书分为10章,其中第1章是剪辑相关的基础知识和软件基本操作,第2～8章是软件的使用,第9章是拍摄视频素材,第10章是综合案例。每章的具体介绍如下:

- 第1章:讲解了与视频剪辑相关的知识,如认识视频与视频剪辑、帧、场、分辨率、电视制式、常见的音/视频格式、视频剪辑基本流程,以及与Premiere Pro CC软件相关的知识,如软件的介绍、软件的界面以及基本操作等内容。
- 第2章:介绍了素材导入和工具使用的相关知识,如可导入音/视频格式、素材的基本设置以及剃刀工具、分离/链接音视频和打包项目素材等内容,并通过4个案例对本章讲述的知识点进行巩固。

- 第 3 章：介绍了特技转场的相关知识，如认识转场、转场的基本设置和一些转场效果的使用等内容，并通过 3 个案例对本章讲述的知识点进行巩固。
- 第 4 章：介绍了视频特效的基本应用，如调整素材的基本效果、关键帧的应用、视频特效的基本设置以及视频特效的应用等内容，并通过 4 个案例对本章讲述的知识点进行巩固。
- 第 5 章：介绍了视频合成的相关知识，如调色、合成简介，以及一些用来合成的特效等内容，并通过 3 个案例对本章讲述的知识点进行巩固。
- 第 6 章：介绍了如何为视频画面添加字幕，包括"字幕"窗口、创建不同类型的字幕，如静态字幕、游动字幕以及字幕的相关设置等内容，并通过 3 个案例对本章讲述的知识点进行巩固。
- 第 7 章：介绍了音频的相关知识，如声道、如何查看音频，以及用于调整音频的混合器等内容，并通过 2 个案例对本章讲述的知识点进行巩固。
- 第 8 章：介绍了导出影片的相关知识，包括导出单帧图像、导出项目影片和单独导出音频等内容，并通过 3 个案例对本章讲述的知识点进行巩固。
- 第 9 章：介绍了获取视频素材的相关知识，如拍摄前的工作（输出分镜脚本）、拍摄设备简介、构图、置景布光以及剪辑技法等内容，并通过 2 个案例对本章讲述的知识点进行巩固。
- 第 10 章：介绍了 1 个综合案例，对前 8 章所学的知识进行了巩固。

本书以理论＋案例的形式贯穿全书，语言通俗易懂，内容丰富，知识涵盖面广，非常适合视频剪辑初学者或自学视频剪辑的爱好者阅读。

为了提升您的学习或教学体验，我们精心为本书配备了丰富的数字化资源和服务，包括在线答疑、教学大纲、教学设计、教学 PPT、教学视频、测试题、素材等。通过这些配套资源和服务，让您的学习或教学可以变得更加高效。请扫描本书二维码获取配套资源和服务。

配套资源和服务

本书的编写和整理工作由传智播客教育科技股份有限公司完成，全体编写人员在编写过程中付出了很多辛勤的汗水，此外，还有很多人员参与了本书的试读工作并给出了宝贵的建议，在此一并表示衷心的感谢。

尽管我们尽了最大的努力，但书中仍难免会有疏漏与不妥之处，欢迎各界专家和读者朋友来函提出宝贵意见，我们将不胜感激。

请发送电子邮件至：itcast_book@ vip. sina. com

黑马程序员

2024 年 12 月

目 录

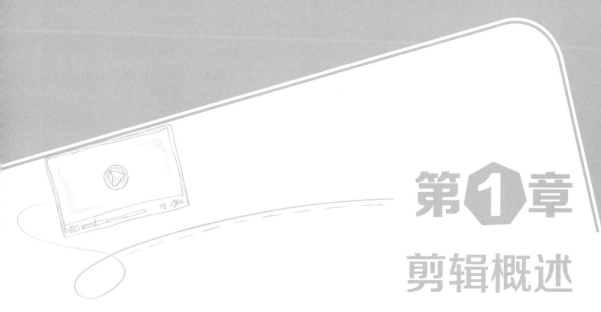

第1章
剪辑概述

学习目标

◆ 了解视频剪辑的基础知识，以及视频剪辑的基本流程。

◆ 掌握 Premiere Pro CC 2017 的工作界面及其基本操作。

剪辑就是讲故事，而故事都有其一定的逻辑性。使断断续续的故事情节按照一定顺序衔接起来，成为一个完整的故事，就是剪辑的意义所在。Premiere Pro 是 Adobe 公司旗下的影视编辑软件，它功能强大、易学易用，被广泛运用于影视后期处理领域。本章将带领读者了解视频剪辑的基础知识、视频剪辑软件 Premiere Pro CC 2017（简称 Premiere Pro）的工作界面及其基本操作，为全书的学习奠定一定的基础。

1.1 视频剪辑基础知识

在使用 Premiere Pro 进行素材剪辑处理之前，首先需要了解一些与视频剪辑相关的知识，以便快速、准确地编辑素材。本节将针对视频与视频剪辑、帧/场与分辨率、电视制式、常见的视频/音频格式、视频剪辑基本流程等知识进行讲解。

1.1.1 认识视频与视频剪辑

说到视频大家都不陌生，在电影院看的电影是视频，电视上的广告、电视剧也是视频。那么，视频是由什么构成的呢？视频其实是由一系列静态图像组成，通过快速播放使其运动从而形成视频，如图 1-1 所示，这些静态图像的画面相近，被快速、连续播放时，受"视觉暂留"原理的影响，人们会感觉画面中的内容在运动。"视觉暂留"原理是指物体在快速运动时，当人眼所看到的影像消失后，人眼仍能继续保留 0.1 ~ 0.4 s 的影像。

说到视频就不得不提到"视频剪辑"，"视频剪辑"就是将单个或多个素材中的某些片段提取出来，并合到一起，例如，分别将①素材中的 A 片段、②素材中的 B 片段、③素材中的 C 片段取出后，把它们拼接成另一个新的视频文件，这个过程就称为视频剪辑，如图 1-2 所示。

但在有些剪辑软件中,提取素材片段后剩余的片段并不是被删除了,而是被隐藏起来并可以随时调用,此处称为"余量",而视频的开始点被称为"入点",结束点称为"出点"。

图 1-1　手翻画

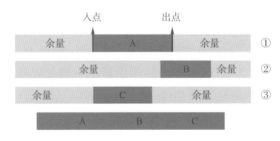

图 1-2　视频剪辑

1.1.2　帧、场与分辨率

说到视频,不得不说到一些专业术语,如帧、场、像素和分辨率等,下面分别对它们进行介绍。

1. 帧

组成视频的每一幅图像称为帧,相当于电影胶片上的每一格镜头,如图 1-3 所示。在播放视频的过程中,播放效果的流畅度取决于图像在单位时间内的播放数量(即"帧速率",其单位是帧/秒),每秒帧数越多,所显示的动作就会越流畅。

2. 场

"场"与视频的扫描方式息息相关,视频的扫描方式分为"逐行扫描"和"隔行扫描"。逐行扫描是把每一帧按顺序一行接着一行连续扫描而成,如图 1-4 所示;"隔行扫描"是把每一帧图像通过两场(通常称为高场和低场)扫描完成,如图 1-5 所示。

图 1-3　电影胶片

图 1 - 4　逐行扫描　　　　　　　　　　图 1 - 5　隔行扫描

在图 1 - 5 中,所有的奇数行(1、3、5、7)为第一场,此处称为高场,所有偶数行(2、4、6、8)为第二场,此处称为低场。在扫描时,可设置先扫描奇数行还是偶数行,当扫描完其中一场后,再扫描另一场。此时,由于视觉暂留效应,人眼将会看到平滑的运动而不是闪动的半帧半帧的图像。但是这时会有几乎不会被注意到的闪烁出现,使得人眼容易疲劳。而逐行扫描每次显示整个扫描帧,人眼将看到比隔行扫描更平滑的图像,相对于隔行扫描来说闪烁较小。图 1 - 6 所示为隔行扫描和逐行扫描的对比图。

隔行扫描　　　　　　　　　　　　逐行扫描

图 1 - 6　隔行扫描与逐行扫描对比图

随着显示技术的不断增强,一般情况下,会使用逐行扫描这一扫描方式。

在一些视频剪辑软件中,场序分为"无场""低场(下场)优先""高场(上场)优先",其中"无场"即逐行扫描方式,"低场优先"和"高场优先"是指隔行扫描中的扫描顺序,即显示一帧时优先显示哪一场。不同的软件有不同的设置方式,值得注意的是,在隔行扫描中,如果场序设置错误,那么视频在播放的时候可能会出现抖动。

3. 像素和分辨率

像素是组成图像的最小单位,在视频剪辑中有不同的显示方式(即像素长宽比),如方形像素、变形 2∶1、DV PAL 宽银幕等。分辨率是屏幕图像的精密度,是指显示屏所能显示的像素有多少。由于屏幕上的点、线和面都是由像素组成的,显示屏可显示的像素越多,画面就越精细,如图1-7所示。目前常用的分辨率有4 096×2 160像素、2 048×1 152像素、1 920×1 080像素、1 280×720像素等,如图1-8所示。

分辨率:100×100像素　　　分辨率:300×300像素

图1-7　分辨率对比

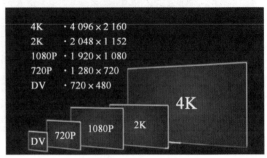

图1-8　分辨率

1.1.3　电视制式

电视制式是一个国家或地区播放节目时所采用的特定制度和技术标准,根据项目的不同,在创建项目时需要对制式进行设置。世界上主要使用的电视制式有 NTSC、SECAM、PAL 3 种,具体解释如下。

1. NTSC 制式

NTSC 制式是由美国电视系统委员会制定的,该制式在视频播出时,播出段的接收电路较为简单,但是色彩不太稳定(易偏色),此类电视通常会提供一个手动控制的色调电路供用户选择。NTSC 制式帧频率为 30 帧/秒,主要应用于美国、加拿大、日本、韩国、菲律宾等国家以及中国台湾地区。

2. SECAM 制式

SECAM 是"顺序传送彩色与记忆制"的彩色电视制式,该制式彩色效果好、抗干扰能力强,但是兼容性较差。SECAM 制式,帧频率为 25 帧/秒,主要应用于俄罗斯、法国、埃及、罗马尼亚等国家和地区。

3. PAL 制式

PAL 制式是为了克服 NTSC 制式对相位失真的敏感性。因此,PAL 制式对相位失真不敏感,图像彩色误差较小,与黑白电视的兼容也好,但 PAL 制的编码器和解码器都比 NTSC 制式的复杂,信号处理也较麻烦,接收机的造价也高。PAL 制式帧频率为 25 帧/秒,世界上大部分地区都采用 PAL 制式。

1.1.4　常见的视频格式

在编辑视频之前,要熟悉各种常见的视频格式,以便在编辑视频时能够灵活使用不同格式的素材,下面对一些常见的视频格式进行介绍。

1. AVI

AVI 是由微软公司研发的视频格式,该格式的优点是可以跨多个平台使用,图像质量好;缺点是文件体积大,并由于太过老旧,不支持许多现代的视频编码。

2. WMV

WMV 是微软公司开发。在同等视频质量下,WMV 格式的体积非常小,因此很适合在网上播放和传输。但由于是微软公司开发,因此在一定程度上只支持微软编码,并且很难在别的操作系统上进行播放。

3. QuickTime

QuickTime 格式是苹果公司创立的一种视频格式,它支持领先的集成压缩技术和 Alpha 通道。QuickTime 在图像质量和文件尺寸的处理上具有很好的平衡性,无论是在本地播放还是作为视频流格式在网上传播,它都是一种优良的视频编码格式。在 Premiere Pro 软件中输出项目文件时,选择此格式时,其扩展名是".mov"。

4. H.264

H.264 是使用率较高的一种格式,在同等画面质量的条件下,压缩比更高,并且非常适合在网络上进行传输。一般情况下,在 Premiere Pro 软件中输出项目文件时,会选择此格式,其扩展名是".mp4"。

1.1.5　常见的音频格式

在编辑视频的时候,除了使用视频素材外,还需要为其添加相应的音频文件,下面对常用的音频格式进行讲解。

1. WAV

WAV 是微软公司开发的一种声音文件格式,其扩展名为".wav"。WAV 音频格式最大的优势是被 Windows 平台及其应用程序广泛支持,是标准的 Windows 文件,但是 wav 格式的文件所占用的磁盘空间太大。

2. MP3

MP3 是目前最主流的音频格式之一,其音频文件格式扩展名为".mp3"。该格式大大压缩了文件的体积,所以相同的空间能存储更多的信息。

3. WMA

WMA 是微软公司研发的新一代数字音频压缩技术,同时兼顾了高保真度和网络传输需求。从压缩比来看,WMA 比 MP3 更优秀,同样音质 WMA 文件的大小是 MP3 的一半或更少。该格式既适合在网络上用于数字音频的实时播放,也适合在本地计算机上进行播放。

1.1.6　视频剪辑基本流程

了解视频剪辑的基本流程后,能够对素材在各个阶段进行把控,可以保证素材被快速剪辑、合成。下面将从素材导入、素材编辑、输出文件等方面介绍视频剪辑的基本流程。

1. 素材导入

视频剪辑的第一步就是要把素材导入软件中,为素材编辑做准备。

2. 素材编辑

导入素材后,接下来是视频剪辑中最核心的部分——素材编辑。素材编辑主要分为基础编辑和进阶编辑两个步骤。

1）基础编辑

基础编辑主要是对素材进行初步加工，也就是简单的拼接和裁剪，通常会涉及素材的帧速率、素材的插入和分离以及一些工具的使用。

2）进阶编辑

基础编辑后，一个影片的雏形就已经出来了。进阶编辑是针对影片的雏形进行精细化编辑，可以为素材之间添加视频转场、视频特效、添加字幕、音频等，还可以对素材进行调色。

3. 输出文件

编辑完素材之后，就可以输出编辑好的影片。输出时将已经编辑完成的素材文件导出为完整的影片，如 MP3、AVI 等格式的文件等。

1.2　视频编辑软件——Premiere Pro CC 2017

视频后期的剪辑可以提高影片的质量，促进电影和电视作品的表达，是创作高质量的艺术作品的重要技术手法。了解软件的基础知识后，才能更好地进行视频剪辑。本节将介绍 Premiere Pro 的工作界面、基本操作等知识。

1.2.1　启动 premiere Pro CC 2017

在学习一款软件之前，首先要先了解这个软件。图 1-9 所示为 Premiere Pro 软件的启动界面。

双击桌面上的 Premiere Pro 图标即可启动软件，进入"开始"界面，如图 1-10 所示。在该界面中可以新建项目、打开项目等。若不是第一次使用 Premiere Pro，右侧则会显示近期作品的列表，如图 1-11 所示。

图 1-9　Premiere Pro 软件的启动界面

● 最近使用项：用于显示最近编辑的项目文件，在列表中单击一个文件即可直接进入主页面，对其继续进行编辑。

图 1-10　"开始"界面 1　　　　　　　图 1-11　"开始"界面 2

- 新建项目:选择该选项,可以创建一个新的项目文件进行视频编辑。
- 打开项目:选择该选项,可以打开项目。

- 新建团队项目和打开团队项目:这两个选项用于制作团队项目,但团队项目需要额外购买团队项目服务,才可以启用。当单击"新建团队项目"或"打开团队项目"时,会弹出提示框,如图 1-12 所示。如果已购买该项服务,则可以直接登录使用。

图 1-12　提示框

1.2.2　创建项目

创建项目往往有两种方式:第一种是在启动时创建项目文件;第二种是启动后创建项目文件,具体介绍如下。

1. 启动时创建项目

在选择"新建项目"选项时,会弹出"新建项目"对话框,如图 1-13 所示。

- 名称:在此输入项目名称,为项目文件命名。
- 位置:用于为项目文件设置指定路径,单击右侧的"浏览"按钮,可以在弹出的对话框中选择存储路径。
- 显示格式:用于设置视/音频在项目内的标尺单位,一般使用软件默认格式,不需要修改。
- 捕捉格式:用于设置从摄像机等设备内获取素材的格式。
- 暂存盘:用于临时缓存文件的存放位置,在 Premiere Pro 中,通常情况下选择"与项目相同",如图 1-14 所示。

2. 启动后创建项目

执行"文件→新建→项目"命令(或按【Ctrl + Alt + N】组合键),弹出"新建项目"对话框,接下来的操作与启动时创建项目的操作方法相同,此处不再赘述。

1.2.3　设置自定义序列

序列是用来设置编辑视频时的参数,如分辨率、帧速率等。只有建立了序列,视频才能在 Premiere 中进行编辑。Premiere Pro 的初学者可能会对"序列"一词感到模糊,如果把项目比作超市、视频比作商品,那么"序列"就是放置商品的货架。

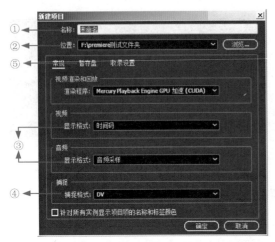
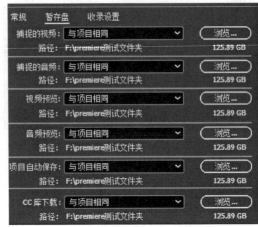

图 1-13　"新建项目"对话框　　　　　　　　　图 1-14　暂存盘

在 Premiere Pro 中,当将素材添加到轨道上后,系统会自动生成与素材相匹配的序列,但由于输出视频文件的差异,此时的序列并不一定是我们想要的,而且在 Premiere Pro 中,可以创建多个序列,所以往往要设置自定义序列。设置自定义序列包括创建序列和设置序列,下面对这两方面进行讲解。

1. 创建序列

执行"文件→新建→序列"命令(或按【Ctrl + N】组合键),弹出"新建序列"对话框,如图 1-15 所示。在对话框中包含了"序列预设""设置""轨道"三个选项。在"序列预设"选

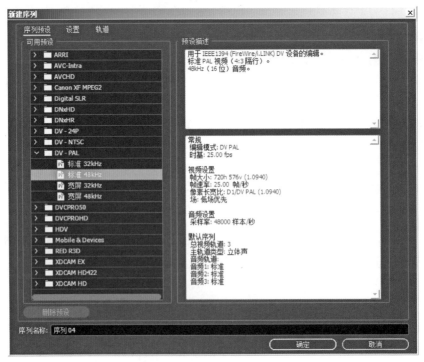

图 1-15　"新建序列"对话框

项中,左侧可以选择软件已经预设好的序列,选中某个序列预设,右侧即可查看对应的序列信息。但往往会选择"设置"选项,来设置自定义序列。

在图 1 - 15 所示的"新建序列"对话框中,选择"设置"选项,可切换到序列设置区域,如图 1 - 16 所示。图中红框标识为常用参数,未标识的通常使用软件默认参数,不做更改,下面对常用的参数进行介绍。

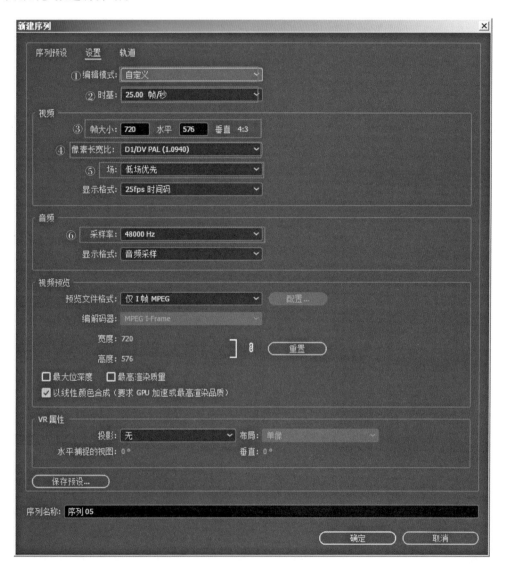

图 1 - 16　设置序列

1)编辑模式

在"编辑模式"中,可以选择软件中已经预设好的序列,还可以自定义序列参数。单击"编辑模式"按钮,会弹出图 1 - 17 所示的下拉列表,在创建自定义序列时通常会选择"自定义"选项。

2)时基

该参数用于设置序列所应用的帧速率的标准,单击该按钮,会弹出图 1 - 18 所示的下拉列表,包含了 10 帧/秒、12 帧/秒、24 帧/秒、25 帧/秒、29.97 帧/秒等,其中 24 帧/秒和 25 帧/秒最为常用,前者是电影中的帧速率,后者是电视中的帧速率,本书统一采用 25 帧/秒进行制作。

图 1－17 "编辑模式"下拉列表　　　　1－18 "时基"下拉列表

3)帧大小

该参数用于设置视频画面的分辨率,目前最常使用的分辨率是 4 096×2 160 像素、2 048×1 152 像素、1 920×1 080 像素、1 280×720 像素等,如在"水平"文本框里输入 1 920、"垂直"文本框里输入 1 080 时,后面的垂直比例会自动更改。

4)像素长宽比

用于设置视频画面中像素的显示形式,单击该按钮,弹出图 1－19 所示的下拉列表,通常情况下选择"方形像素"选项。

5）场

用于设置场序，单击该按钮时，会显示 3 种扫描方式，依次是"无场（逐行扫描）""高场优先""低场优先"，如图 1 - 20 所示。大多数情况下选择"无场（逐行扫描）"。

6）采样率

采样率是指计算机每秒采集多少个信号样本，采集得越多，音质越好。在 Premiere Pro 中，包含了 5 个采样率，如图 1 - 21 所示，其中 48 000 Hz 是数字电视、DVD、电影和专业音频所用的数字声音采样率，本书统一采用 48 000 Hz 采样率。

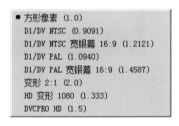

图 1 - 19　"像素长宽比"下拉列表　　图 1 - 20　"场"下拉列表　　图 1 - 21　采样率

值得一提的是，在"素材库"的"项目"面板中，单击"新建项"按钮，如图 1 - 22 所示。在弹出的列表中选择"序列"选项，弹出"新建序列"对话框，右击空白处，在弹出的快捷菜单中选择"新建项目→序列"命令，也可以弹出"新建序列"对话框，操作方法与上述一样。

2. 设置序列

若想更改现有的序列，执行"序列→序列设置"命令，弹出"序列设置"对话框，如图 1 - 23 所示。在对话框中可以修改时基、帧大小、像素长宽比等参数。

图 1 - 22　素材库

图 1 - 23　"序列设置"对话框

多学一招：保存自定义序列

设置完参数之后,单击"保存预设"按钮即可弹出
"保存序列预设"对话框,如图 1-24 所示。输入序列的
名称,单击"确定"按钮就会返回"新建序列"对话框,在
"序列预设"界面就能看到自定义的序列。

图 1-24　"保存序列预设"对话框

1.2.4　Premiere Pro CC 2017 的工作界面

新建项目之后就可以看到 Premiere Pro 的工作界面,如图 1-25 所示。初学者可能由于
面板过多而感到束手无策,图 1-26 所示为工作区选择区域,可以选择不同的工作界面。在
实际使用时,"编辑"工作区的界面是使用最频繁的区域。下面将对软件"编辑"工作区的界
面进行讲解。

图 1-25　工作界面

图 1-26　"工作区"选择

1. 菜单栏

菜单栏作为一款操作软件必不可少的组成部分,主要用于为大多数命令提供功能入口。下面将针对 Premiere Pro 的菜单分类及如何执行菜单栏中的命令进行具体讲解。

1)菜单分类

Premiere Pro 的菜单栏依次为"文件"菜单、"编辑"菜单、"剪辑"菜单、"序列"菜单、"标记"菜单、"字幕"菜单、"窗口"菜单及"帮助"菜单,如图 1 - 27 所示。

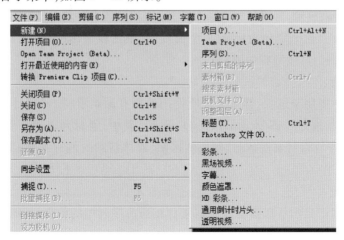

图 1 - 27　菜单栏

其中各菜单的具体说明如下:

● "文件"菜单:包含各种操作文件的命令,如新建、打开、存储、导出、导入等。

● "编辑"菜单:包含各种编辑文件的操作命令,如撤销、剪切、复制等。

● "剪辑"菜单:包含各种改变视频素材的命令,如重命名、替换素材等。

● "序列"菜单:包含在"时间轴"面板中对项目片段进行编辑、管理等常用操作,如序列设置、渲染入点到出点、添加编辑、添加和删除轨道等。

● "标记"菜单:用于对"时间轴"和监视器中的标记进行编辑,如标记入点、标记出点、清除入点、清除出点等。

● "字幕"菜单:用于对字幕进行编辑的命令,如新建字幕、字体、文字对齐等。

● "窗口"菜单:包含管理区域的各个入口,如工作区的设置、历史面板、工具面板、效果面板、时间轴面板等。

● "帮助"菜单:用于帮助用户解决遇到的问题。

2)打开菜单

单击一个菜单即可打开该菜单命令,不同功能的命令之间采用分隔线隔开。其中,带有▶标记的命令包含子菜单,如图 1 - 28 所示。

图 1 - 28　子菜单

3）执行菜单中的命令

执行菜单中的命令有两种方式：第一种，选择菜单中的一个命令即可执行该命令，如选择"文件→打开项目"命令；第二种，如果命令后面有快捷键，则按快捷键可快速执行该命令。例如，按【Ctrl＋N】组合键可执行"文件→新建→序列"命令，如图 1－29 所示。

图 1－29　"文件→新建→序列"命令

但值得注意的是，有些命令只提供了带括号的字母，要通过快捷方式执行这样的命令，可按【Alt】键＋主菜单的字母打开主菜单，然后再按下命令后面的字母执行该命令。例如，依次按【Alt】键、【T】键、【E】键、【S】键可执行"字幕→新建字幕→默认静态字幕"命令，如图 1－30所示。

图 1－30　"字幕→新建字幕→默认静态字幕"命令

注意：

（1）如果菜单中的某些命令显示为灰色，表示它们在当前状态下不能使用。

（2）此外，如果一个命令的名称右侧有"…"状符号，则表示执行该命令时会弹出一个对话框。

2. 素材库

素材库主要用来显示、管理素材和项目文件，在该区域中共包含了"项目""媒体浏览器""库""信息""效果""标记""历史记录"7 个面板，其中比较常用的是"项目""信息""效果"和历史记录几个面板，具体解释如下。

1）"项目"面板

"项目"面板主要用于组织、管理项目所使用的所有原始素材。"项目"面板分为素材列表、素材属性和工具按钮 3 部分，如图 1－31 所示。其中，素材列表用于罗列导入的相关素材；素材属性用于查看素材属性信息，例如帧速率、媒体持续时间等参数；工具按钮用于对相关素材进行管理操作。

2）"信息"面板

"信息"面板用于显示所选素材以及该素材在当前序列中的信息，如图 1－32 所示，包括素材本身的帧速率、分辨率、素材长度和该素材在当前序列中的位置等。

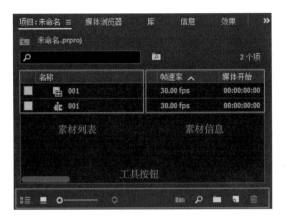

图 1 - 31　"项目"面板

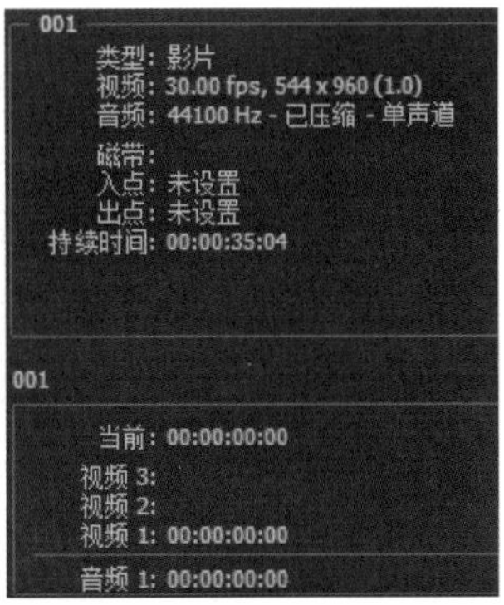

图 1 - 32　"信息"面板

3）"效果"面板

使用"效果"面板可以在素材上快速应用多种特效和转场效果，如图 1 - 33 所示。在搜索框中可以快速找到想要的效果。

4）"历史记录"面板

该面板用于记录在编辑视频素材时的每一个命令，如图 1 - 34 所示。删除面板中的命令时，可以还原到该命令所对应的编辑操作。

3. 工具栏

工具栏中的工具主要用于在"时间轴"面板中编辑素材，共包含了 12 个工具，如图 1 - 35 所示。

图 1 - 33　"效果"面板

图 1 - 34　"历史记录"面板

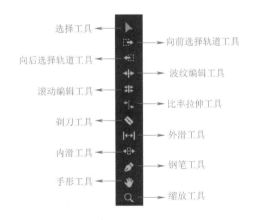

图 1 - 35　工具栏

4. 时间轴

"时间轴"面板用于剪辑、组合各种素材的编辑窗口，绝大部分的素材编辑操作都是在该面板中完成，该面板由 4 部分组成，如图 1 - 36 所示。对这 4 部分的介绍如下。

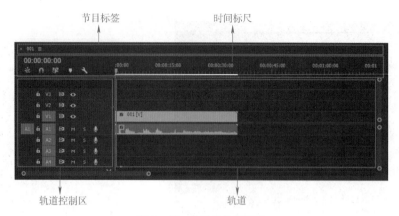

图 1 - 36 "时间轴"面板

1) 节目标签

该区域是用于展示时间轴上所有序列的名称。

2) 时间标尺

该区域可以查看某个时间段的素材,如图 1 - 37 所示。其中"00:00:00:00"表示"小时:分:秒:帧"。在编辑素材时,可通过移动时间滑块进行定位,还可以通过输入数值实现精准定位。

图 1 - 37 时间标尺

3) 轨道

轨道是编辑素材的主要区域,将素材添加到轨道上,即可使用工具对素材进行编辑和排列,每个轨道相当于一个图层,上面轨道的素材会盖住下面轨道上的素材。轨道中包含视频(V)、音频(A)轨道。在实际工作中,可以根据需要添加或删除轨道。

4) 轨道控制区

轨道控制区用于编辑轨道,如添加、删除、调整轨道高度等操作,其中包含了音频轨道控制区和视频轨道控制区两部分,这两部分分别包含了视频和音频的一些按钮,如图 1 - 38 所示。

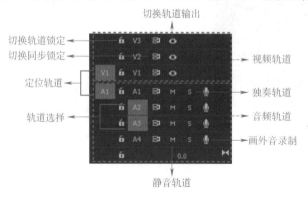

图 1 - 38 轨道控制区

5. 控制区

控制区主要用于编辑和播放单独的原始素材文件,该区域包含"源""效果控件""音频剪辑混合器""元数据"4 个面板,其中"源"面板和"效果控件"面板是 Premiere Pro 软件中最常用的面板,具体解释如下。

1)"源"面板

用于查看素材的原始效果,该面板在初始状态下是不显示画面的,若想在该面板中显示画面,将"项目"面板中的素材拖入该面板即可,或选中一个素材双击。"源"面板共分为 3 个部分,依次是"监视器""当前时间指示器""编辑按钮"区域,如图 1 – 39 所示。"监视器"用于实时预览素材;"当前时间指示器"用于控制素材播放的时间,显示方式为"时∶分∶秒∶帧";"编辑按钮"区域用于选择素材区域和播放素材等。

图 1 – 39　"源"面板

在该面板的右下角有一个"按钮编辑器"按钮,单击,会弹出在该面板中并未显示全的按钮,如图 1 – 40 所示。读者可以将它们拖至按钮区域,进行调用,但一般情况下,使用默认的按钮即可。

2)"效果控件"面板

该面板主要用于调整素材的位置、不透明度,根据不同参数设置关键帧,通常情况下与"效果"面板搭配使用。在"效果"面板中添加效果之后,可在"效果控件"面板中进行修改、删除等操作。例如,在时间轴中为素材添加了"超级键"效果,则在"效果控件"面板中可对"超级键"参数进行调整,如图 1 – 41 所示。

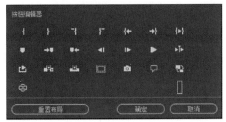

图 1 – 40　按钮编辑

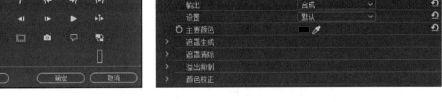

图 1 – 41　"超级键"参数展示

6. 节目监视器

节目监视器是用来显示在"时间轴"面板的视频序列中编辑的素材、图形、特效和切换等效果,如图 1 - 42 所示。其中包含了添加标记、标记入点、标记出点、转到入点、后退一帧、播放 - 停止切换、前进一帧、转到出点、提升、提取、导出帧等按钮,除了"提升"和"提取"外,这些按钮与"源"面板中的按钮用法一致。

7. 音频主控

音频主控用于查看左声道和右声道音量,当视频中有音频存在时,该区域就会实现颜色块波动,如图 1 -43 所示。其中,左边代表左声道,右边代表右声道。

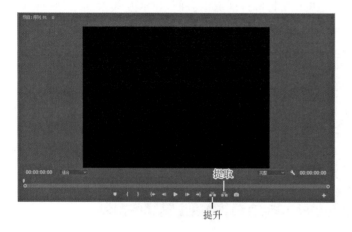

图 1 - 42　"节目监视器"面板　　　　　　　图 1 -43　音频主控

1. 2. 5　Premiere Pro CC 2017 基本操作

了解了 Premiere Pro 的工作界面后,接下来介绍在 Premiere Pro 中的基本操作,如项目文件操作、界面基本操作、设置快捷键、撤销与恢复、设置自动保存、打包项目素材等,具体介绍如下。

1. 项目文件操作

在创建项目文件后,通常会对这些项目文件进行反复修改或编辑,下面对常用的项目文件操作进行讲解。

1)打开项目文件

打开项目文件的两种方法具体介绍如下。

● 在"开始"界面中打开项目文件:启动 Premiere Pro 后,在弹出的"开始"界面中选择"打开项目"选项,打开"打开项目"对话框,在文件夹中选择相应的文件。另外,在右侧的列表中选择一个文件,也可打开项目文件,如图 1 -44 所示。

● 在菜单中打开项目文件:执行"文件→打开项目"命令(或按【Ctrl + O】组合键),打开"打开项目"对话框,在文件夹中选择相应的文件;另外,执行"文件→打开最近使用的内容"命令,在菜单中选择项目文件,如图 1 -45 所示。

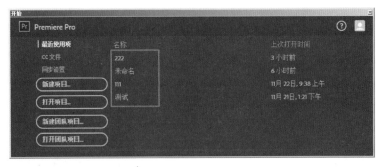

图 1-44 最近打开的项目列表

2）保存项目文件

新建文件或者对打开的文件进行编辑之后,应及时对文件进行保存,Premiere Pro 中提供了几个用于保存文件的命令,如图 1-46 所示。下面对常见的几种命令进行介绍。

图 1-45 打开最近使用的内容   图 1-46 保存方式

● 保存:执行"文件→保存"命令(或按【Ctrl + S】组合键),项目会在原来的基础上进行存储。

● 另存为:执行"文件→另存为"命令(或按【Ctrl + Shift + S】组合键),弹出"保存项目"对话框,如图 1-47 所示。在对话框中设置位置、文件名及保存类型,单击"保存"按钮。使用"另存为"命令进行存储,可以在原项目内容不变的基础上存储一份新的项目文件。

图 1-47 "保存项目"对话框

● 保存副本:执行"文件→保存副本"命令(或按【Ctrl + Alt + S】组合键),在弹出的对话框中设置参数,单击"保存"按钮,可将当前项目文件另存为一个副本,用于保存当前的项目进度。

3)关闭项目文件

若想关闭当前的项目文件,执行"文件→关闭项目"命令(或按【Ctrl + Shift + W】组合键)即可。若此时的项目被修改后并未保存,则会弹出提示框,如图1-48所示,单击"是"按钮,保存项目;单击"否"按钮,则不保存项目继续关闭;单击"取消"按钮,表示不关闭项目文件。

图1-48　提示框

2. 界面操作

在 Premiere Pro 中,几乎所有的面板都可以任意编组或停放,停放面板时,面板会连接在一起,因此改变一个面板的大小时,其他面板的大小也会跟着改变,下面对这些相应的操作进行讲解。

● 调整面板大小:将光标放置在两个相邻面板之间的边界上,当光标变成 或 时,按住鼠标左键拖动鼠标即可调整面板的大小。

● 改变面板位置:选中一个面板,按住鼠标左键的同时拖动鼠标,将其移动至其他区域中,则可将其与其他区域的面板编组。

● 创建浮动面板:在面板的标题处右击,在弹出的快捷菜单中选择"浮动面板"命令,该面板就会成为一个独立的面板。

● 打开/关闭面板:在面板的标题处右击,在弹出的快捷菜单中选择"关闭面板"命令,则可关闭该面板。

若想恢复成面板最初的默认状态,执行"窗口→工作区→重置为保存的布局"命令(或按【Alt + Shift + 0】组合键)即可恢复。

3. 键盘快捷键

使用快捷键可以大大提升工作效率,快捷键可以使用系统默认的,也可以进行自定义设置。执行"编辑→快捷键"命令(或按【Ctrl + Alt + K】组合键),弹出"键盘快捷键"对话框,如图1-49所示。有颜色的是已经被占用的快捷键,无颜色的是未被占用的快捷键,当将鼠标指针放置在带颜色的快捷键上时,会提示快捷键的相关信息。快捷键的设置方法如下。

1)添加快捷键

在"命令"一栏中,选择一个工具后,将工具拖动至键盘中的某个键处即可为该工具添加快捷键。若拖动至非灰色区域,则最下方会提示该快捷键已被占用,如图1-50所示,原命令将不再有快捷键。

在将某个工具的快捷键设置为"【Ctrl + 字母】""【Shift + 字母】"等方式时,需要在拖动时,按住键盘上的【Ctrl】键或【Shift】键等。

图 1－49　"键盘快捷键"对话框

⚠ 快捷键"B"已被另一个应用程序命令"波纹编辑工具"使用。该命令将不再有快捷键。

图 1－50　快捷键被占用提示

2）删除快捷键

在"快捷键"一栏中，选中某个工具的快捷键，单击右上角的 "×"即可删除快捷键，如图 1－51 所示。单击"确定"按钮完成设 置。值得一提的是，一个工具或面板可以设置多个快捷键。

3）初始化快捷键

若想恢复软件最初的默认设置，在对话框上方的"键盘布局 预设"中选择"Adobe Premiere Pro 默认值"选项即可，如图 1－52 所示。

图 1－51　删除快捷键

图 1－52　初始化快捷键

4. 撤销与恢复操作

通常情况下，在制作视频剪辑时，需要反复地调整、修改才能完成，因此经常会用到撤销 与恢复操作。

1）撤销

在编辑素材时，如果用户的上一步操作失误，或对效果不满意时，有两种撤销方法，其一，在"历史记录"面板中删除对应的命令；其二，可执行"编辑→撤销"命令（或按【Ctrl + Z】组合键），如果连续选择此命令，则可连续撤销前面的多步操作。

2）恢复

若要取消"撤销"操作，执行"编辑→重做"命令（或按【Ctrl + Shift + Z】组合键）。如果连续选择此命令，可连续恢复前面的多步撤销操作。

5. 设置自动保存

通常情况下，系统会隔一段时间自动保存项目文件，若软件崩溃或计算机死机，使用该功能可以有效地减少损失。执行"编辑→首选项→自动保存"命令，弹出"首选项"对话框，如图 1 - 53 所示。在对话框中设置相应参数后，单击"确定"按钮即可。

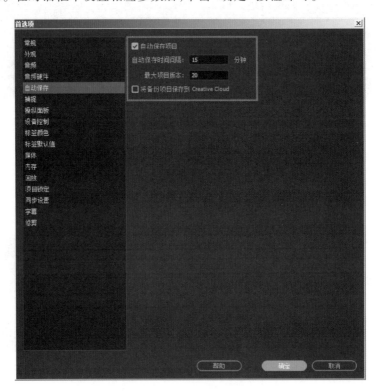

图 1 - 53 "首选项"对话框

拓展案例

通过所学知识，创建一个"时基"为 25 帧/秒、"帧大小"为 1 920 × 1 080、"像素长宽比"为方形像素、场序为逐行扫描的自定义序列。

第2章
素材导入及编辑

学习目标

◆ 了解可导入的素材类型,能够导入素材并设置素材的时间长度。

◆ 掌握一些视频剪辑技巧,能够裁剪有问题的视频。

◆ 理解视频、音频的播放速率,能够制作快速播放的效果。

◆ 掌握如何打包项目素材,能够为项目中的素材打包。

认真严谨的
做事态度

Premiere Pro 作为一款视频剪辑软件,最主要的功能就是对视频进行编辑,在第 1 章大家已经了解了视频剪辑的基础知识及 Premiere Pro 的基础操作,本章将针对素材的导入和基础编辑进行讲解。

2.1 【案例1】制作卡点视频

卡点视频主要是音乐与画面的节奏相匹配,把握好音频与画面的切换节奏即可。本节将制作一个卡点视频的案例,通过本案例的学习,读者能够掌握导入素材、如何将素材添加到轨道上以及如何设置图像素材的停留时间等知识。

 效果展示

猫咪图像的切换与音乐节奏相匹配,展现卡点效果。

扫一扫二维码查看案例具体效果。

案例1

 案例分析

本案例共包含 12 幅图像素材及一个音频素材,根据音频中的节奏,在制作本案例时,要将图像素材"01"的停留时间设置为 4 s,剩余的 11 幅图像素材的停留时间设置为 0.8 s,如图 2 - 1 所示。这样,在播放视频时,图像会匹配音频素材的节奏,实现卡点效果。

图 2 - 1　设置图像素材的停留时间

 必备知识

1. 导入素材

使用 Premiere Pro 进行视频剪辑时，主要是对已有的素材进行编辑，所以在编辑之前，首先要把素材导入到软件中。Premiere Pro 支持的视频、音频以及图像格式较为广泛，如表 2-1 所示为常见的视频、音频及图像格式。

表 2-1　常见的视频、音频及图像格式

支持的视频格式	支持的音频格式	支持的图像格式
AVI、MP4、MOV、WMV、3GP	MP3、WAV、WMA	JPEG、AI、PSD、GIF、PNG、TIFF

导入素材通常有两种方法，一种是在菜单栏中导入素材；另一种是在"项目"面板中导入素材，具体解释如下。

1）在菜单栏中导入素材

在菜单栏中可以使用两个命令来导入素材，一个是"导入"命令，另一个是"导入最近使用的文件"命令，具体解释如下。

● 在菜单栏中执行"文件→导入"命令（或按【Ctrl + I】组合键），即可打开"导入"对话框，如图 2 - 2 所示。在对话框中选择需要导入的素材，单击"打开"按钮即可。

● 在菜单栏中执行"文件→导入最近使用的文件"命令，左侧会弹出图 2 - 3 所示的菜单，在菜单中选择需要导入的素材即可。

如果是第一次使用 Premiere Pro 或者从未导入过任何素材，那么在菜单栏中"导入最近使用的文件"命令是灰色的，不能执行，如图 2 - 4 所示。

2）在"项目"面板中导入素材

在"项目"面板中导入素材也有两种方法。

● 在"项目"面板的空白处双击，会弹出"导入"对话框，在对话框中选择要导入的素材，单击"打开"按钮即可。

● 在"项目"面板的空白处右击，在弹出的快捷菜单中选择"导入"命令，弹出"导入"对话框，在对话框中选择要导入的素材，单击"打开"按钮即可。

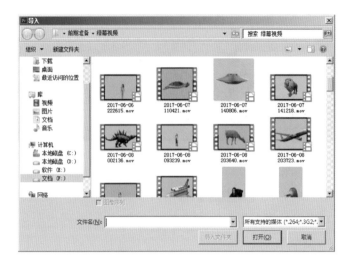

图 2 - 2　"导入"对话框

图 2 - 3　导入最近使用的文件

图 2 - 4　灰色命令

在对话框中选中一个文件夹,单击"导入文件夹"按钮,即可将文件夹及文件夹中的内容导入至软件中。

2. 素材的基本设置

素材的基本设置包含调整素材的显示方式、整理素材、查找素材、删除素材、查看素材、素材重命名,具体讲解如下。

1)调整素材的显示方式

在 Premiere Pro 中,每类素材都有其不同的显示图标,如图 2 -5 所示。观察图标可以了解它们是什么类别的素材,如视频、音频、图像等。调整素材的显示方式是调整素材的显示大小及排列顺序,会方便查看或查找想要的素材,下面对素材的显示方式进行讲解。

● 列表视图▤:单击该按钮后,素材会以列表的方式进行展示,是 Premiere Pro 中默认的显示方式,如图 2 -6 所示。

图 2 - 5　素材显示样式

图 2 - 6　列表的方式展示素材

● 图标视图█:单击该按钮后,素材会以缩略图的方式进行展示,如图 2 - 7 所示。

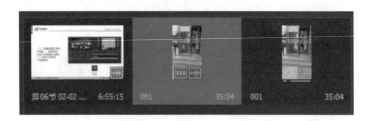

图 2 - 7 缩略图的方式展示素材

● 调整图标和缩略图的大小◯▬▬▬:拖动圆形滑块可以缩小或放大素材列表的显示。

● 排序图标◈:可以设置当前列表的排序方式,单击该图标,弹出图 2 - 8 所示的菜单,在菜单中选择相应的方式即可。

2)整理素材

单击"项目"面板中的"新建素材箱"按钮█,可以新建文件夹,如图 2 - 9 所示,在文本框中输入名称,再将同类视频放进去,可以便于素材管理。

3)查找素材

当"项目"面板中素材过多,不方便查找时,可以利用搜索框进行查找,在搜索框中输入素材名称,再单击"搜索"按钮🔍,即可成功查找素材。

4)删除素材

当不小心导入了多余的素材,此时则需要将多余的素材进行删除,在"项目"面板中选中素材,单击"清除"按钮🗑,即可删除选中素材,若该素材已经被添加到轨道上,此时会弹出警示框,如图 2 - 10 所示。此外,选中素材后,按【Delete】键或【Backspace】键也可快速删除选中素材。

图 2 - 8 "排序"菜单

图 2 - 9 新建素材箱

图 2 - 10 警示框

若想清除轨道上没有使用的素材时,执行"编辑→移除未使用资源"命令,即可将未使用的素材批量删除。

5)查看素材

查看素材可以帮助用户了解素材的内容和剪辑的效果,单击"源"面板中的"播放-停止切换"按钮 即可查看原素材的情况;单击"节目监视器"面板中的"播放-停止切换"按钮 可查看轨道上编辑后的素材的情况。此外,当选中哪个区域,按【空格】键则可播放面板中对应的、时间滑块后面的内容,如选择"时间轴"或"节目监视器"面板,那么此时播放的就是编辑后的效果,选择"源"面板,按【空格】键,播放的就是原素材的内容。按【Enter】键可以从头播放轨道上的内容。

6)素材重命名

若项目里素材过多,在编辑的时候往往很难找到某个素材,且导入的素材会默认带有其格式后缀。素材重命名有助于我们在编辑视频时快速找到素材,素材重命名有 3 种方法。

图 2 - 11　编辑状态

- 在素材上右击,在弹出的快捷菜单中选择"重命名"命令,素材会处于可编辑状态,如图 2 - 11 所示,输入新名称即可。

- 选中素材,在名称处单击,即可使素材处于编辑状态。

- 执行"剪辑→重命名"命令,即可使素材处于编辑状态。

3. 设置图像素材的停留时间

在 Premiere Pro 中,视频、音频素材是有既定时长的,而图像的时长在软件中默认为 5 秒,那么如果需要更长或更短时间的图像素材时,则需要设置图像素材的停留时间。设置图像素材的停留时间指设置图像素材播放时的时间长度。设置时有两种方法,一种是在图像导入之前,另一种是在图像导入之后,具体解释如下。

1)图像导入之前

执行"编辑→首选项→常规"命令,在弹出的"首选项"对话框中,设置"静止图像默认持续时间"参数即可,如图 2 - 12 所示。

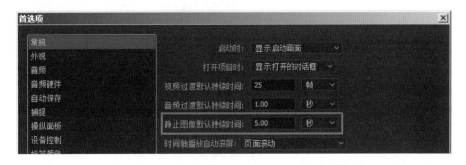

图 2 - 12　"首选项"对话框

2)图像导入之后

选中需要调整的图像素材,执行"剪辑→速度/持续时间"命令(或按【Ctrl + R】组合

键）即可弹出"剪辑速度/持续时间"对话框,在对话框中
设置"持续时间"即可,显示方式是"时:分:秒:帧",如
图 2 – 13 所示为 20 帧。

在"项目"面板或轨道中选中素材,右击,在弹出的快捷
菜单中选择"速度/持续时间"命令也可弹出"剪辑速度/持续
时间"对话框。

图 2 – 13　"剪辑速度/
持续时间"对话框

4. 将素材添加到轨道上

只有将素材放置在相应的轨道上,才能对素材进行编
辑。将素材添加到轨道中有两种方法,具体介绍如下。

1）从"项目"面板中添加

在"项目"面板中,选中需要编辑的素材,按住鼠标左键不放,拖至相应的轨道上,当光标
变成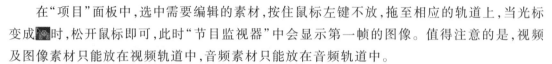时,松开鼠标即可,此时"节目监视器"中会显示第一帧的图像。值得注意的是,视频
及图像素材只能放在视频轨道中,音频素材只能放在音频轨道中。

轨道控制区中有一个用于定义轨道的按钮,当选中"项目"面板中的素材时,会看到"定
义轨道"按钮,它显示在"轨道控制区"的最前方,如图 2 – 14 红框所示。其中 V1 代表视频或
图像、A1 代表音频。若只想将视频素材中的视频添加至轨道,那么只选中 V1,音频就不会被
添加至轨道;同理,若只想将视频素材中的音频添加至轨道,那么只选中 A1 即可。在
Premiere Pro 软件中,当选中视频素材时,系统默认同时显示 V1 和 A1;选中音频素材时,系统
默认只显示 A1;选中图像素材时,则只显示 V1。

此外,选中素材后,单击"自动匹配序列"按钮，会弹出图 2 – 15 所示的"序列自动化"
对话框,设置相关参数后,单击"确定"按钮即可将素材添加至"时间轴"面板中,并自动匹配
序列。

图 2 – 14　定义轨道　　　　　图 2 – 15　"序列自动化"对话框

2）从"源"面板中添加

在"源"面板中拖动图像到轨道上即可,值得一提的是,在素材导入之前,在"项目"面板中双击素材,使之在"源"面板中展示,在视频下方有两个按钮可以单独调取视频中的音频或视频,具体解释如下。

- 仅提取视频■:当把鼠标放置在该按钮上时,鼠标会变成抓手🖐,按住鼠标左键拖动该按钮到轨道上,即可将素材的视频提取出来,而音频不被提取。
- 仅提取音频⫘:与"仅提取视频"按钮使用方法相同,用于将素材的音频提取出来,而视频不被提取。

在添加素材时,可以随意移动轨道中的素材至其他对应的轨道中,例如,可以将 V1 轨道中的素材移动至 V2 轨道中。而且在我们将素材添加到轨道上后,还可以设置是否与轨道中的素材对齐。单击"时间轴"面板中的"对齐"按钮🧲,即可开启对齐功能,此时图标会变成蓝色🧲。将素材添加到轨道上或在轨道上移动素材时,素材就会自动吸附前面或后面的素材。再次单击会关闭"对齐",此时将素材添加到轨道上或在轨道上移动素材时,素材就不会自动吸附前面或后面的素材。在 Premiere Pro 中该选项为系统默认开启。

☕ **多学一招:将素材批量添加到轨道上**

在"项目"面板中框选要添加至轨道中的素材,再按住鼠标左键不放,将它拖至相应的轨道上,当光标变成🖐时,松开鼠标即可。但需要注意的是,将素材批量添加到轨道上,是遵循先选中排在轨道最前面,后选中排在后面的原则,例如,框选素材"2. jpg"~"6. jpg"时,从上至下框选,那么添加到轨道的顺序也是从上至下,即"2. jpg"~"6. jpg"。若没有顺序则是按照软件默认的由上之下进行排列。

例如,先选中"6. jpg"素材,按住【Shift】键的同时选择"2. jpg"素材,如图 2 – 16 所示,第 1 个选中的是"6. jpg"、第 2 个选中的是"2. jpg",那么中间的"3. jpg"~"5. jpg"是无顺序的,那么将这些素材添加至轨道上的先后顺序则是"6. jpg""2. jpg""3. jpg""4. jpg""5. jpg",如图 2 – 17 所示。

图 2 – 16 选中素材

图 2 – 17 素材排序方式

---

5. 轨道的基本设置

对轨道进行设置有助于快速编辑素材,轨道的基本设置包括添加/删除轨道、调整轨道长短/高低、切换轨道锁定、切换同步锁定、轨道选择、添加轨道、隐藏/显示轨道等操作,具体解释如下。

1）添加/删除轨道

在"轨道控制区"右击，弹出如图 2-18 所示的快捷菜单，选择"添加轨道"/"删除轨道"命令，即可弹出"添加轨道"或"删除轨道"对话框，例如此处选择"添加轨道"则会弹出图 2-19 所示的"添加轨道"对话框，在对话框中设置参数，单击"确定"按钮后即可添加轨道。

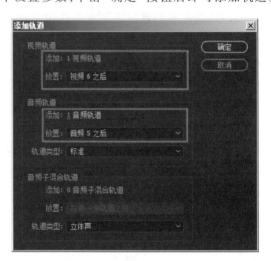

图 2-18　添加轨道/删除轨道　　　　　　图 2-19　"添加轨道"对话框

当把视频素材拖放至最上方或将音频素材拖动至最下方时，软件会自动增加轨道。

2）调整轨道长短

将素材添加到轨道上后，素材的显示长度会以一个既定的比例进行显示（默认为最小比例显示），如果素材时长较短，会显示得很短，如图 2-20 所示，这样不利于查看和编辑，因此在编辑素材时，需要调整轨道的长短。调整轨道长短可以通过 3 种方法来实现：使用"缩放工具"、拖动缩放条、使用快捷键，具体方法如下。

图 2-20　显示很"短"的轨道

● 使用"缩放工具" 🔍 工具：选择"缩放工具"（或按【Z】键）后，光标变成 🔍，在轨道上单击即可将轨道拉长；按住【Alt】键，光标变成 🔍，在按住【Alt】键的同时单击轨道，即可将轨道缩短。

● 拖动缩放条：在时间轴面板下方有一个缩放条，如图 2-21 所示，将鼠标放置在缩放条两端任意 ◎ 处，按住鼠标左键左右拖动即可缩放轨道，拉长后效果如图 2-22 所示。

● 使用快捷键：按住【Alt】键的同时上下滚动鼠标可以对轨道进行缩放，其中向上滚动是拉长轨道，向下滚动是缩短轨道。

图 2 - 21　缩放条

图 2 - 22　拉长轨道

3）调整轨道高低

同默认的素材显示长度一样，素材的显示高度也会以最小的比例进行显示，当需要准确查看某一帧时，则需要调整轨道的高度。调整轨道高度有两种方法，一种是利用缩放条，另一种是通过快捷键，具体介绍如下。

● 利用缩放条：在"时间轴"面板的右侧有两个缩放条，其中上面的用于调整视频轨道的高低，下面的用于调整音频轨道的高低，如图 2 - 23 所示。将鼠标放置在缩放条两端任意◉处，按住鼠标左键上下拖动即可调整轨道的高低，调整后效果如图 2 - 24 所示。

图 2 - 23　调整轨道高低的缩放条

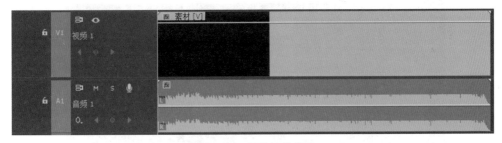

图 2 - 24　调整轨道高度

● 通过快捷键：按住【Ctrl】键的同时按【＋】和【－】键可以调整视频轨道的高低；按住【Alt】键的同时按【＋】和【－】键可以调整音频轨道的高低。

当给轨道调高时，可以看到轨道的名称及关键帧设置的相关按钮，关于关键帧的设置，会在后面章节进行讲解。

多学一招：查看过长、过高的轨道

　　如果轨道过长、过高，不方便查看时，可以通过滑动缩放条查看素材，还可以通过"手形工具"  来查看。选择"手形工具"（或按【H】键）后，在时间轴上按住鼠标左键并拖动鼠标即可。

　　4）切换轨道锁定

　　"切换轨道锁定"可以有效地避免在编辑其他轨道时，对已编辑好的轨道产生误操作。在该按钮上单击，即可开启"切换轨道锁定"，开启后的图标为蓝色，此时，已经将所选轨道进行锁定，而被锁定后的轨道会显示不可操作的样式，如图 2 - 25 所示，也就是说，不可对轨道中的任何素材进行任何操作。再次在该选项上单击即可关闭该选项，继续对该轨道中的素材进行操作。

图 2 - 25　锁定轨道

　　5）切换同步锁定 ：

　　用于锁定某个轨道的同步，锁定时显示为 ，不锁定时显示为 。例如，在图 2 - 26 所示的时间轴中，若锁定轨道同步，在删除 V1 轨道中的波纹时，V2 轨道中的素材会同步向前，如图 2 - 27 所示；若不锁定轨道同步，删除 V1 轨道中的波纹时，V2 轨道中的素材不会同步，如图 2 - 28 所示。在 Premiere Pro 软件中，该按钮默认为系统锁定。

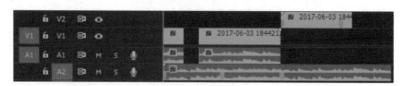

图 2 - 26　时间轴

图 2 - 27　未同步锁定 V2 轨道

图 2 - 28　同步锁定 V2 轨道

6）轨道选择

轨道选择是指选择或激活轨道。可以快速对多个轨道进行操作，如提升、提取等。显示方式如图 2 - 29 红框所示。其中蓝色的为选中状态，深灰色为未选中状态。在不选中素材时，若不选择轨道，就不能进行与轨道、序列相关的操作，例如提升、提取、添加入点、出点以及一些快捷键操作（选中素材后是可以使用快捷键的）。

7）隐藏/显示轨道

当项目中素材较多时，隐藏某一轨道上的内容可以使编辑其他轨道的内容时更方便查看效果。单击"轨道控制区"  按钮，当按钮的显示状态为  时，即可隐藏轨道上的素材，需要注意的是，隐藏某个轨道后，导出影片时不会导出该轨道上的内容。

图 2 - 29　轨道选择

实现步骤

Step1　打开 Premiere Pro 软件，新建项目，将项目命名为"【案例 1】制作卡点视频"，单击"确定"按钮，新建项目。

Step2　执行"文件→新建→序列"命令（或按【Ctrl + N】组合键），弹出"新建序列"对话框，在对话框里设置相关参数，如图 2 - 30 所示。单击"确定"按钮后即可新建序列。

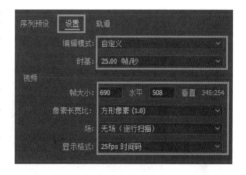

图 2 - 30　"新建序列"对话框

Step3　执行"文件→导入"命令（或按【Ctrl + I】组合键），导入"01. jpg"图像素材至"项目"面板中。

Step4　在"项目"面板中，选中"01. jpg"图像素材，按住鼠标左键不放，将它拖到"时间轴"面板中的 V1 轨道上，当光标变成 时（见图 2 -31），松开鼠标即可。

图 2 - 31　拖动素材到轨道上

Step5　在 V1 轨道上选中"01. jpg"图像素材，右击，在弹出的快捷菜单中选择"速度/持续时间"选项，弹出"剪辑速度/持续时间"对话框，在对话框中设置"持续时间"为"4"

秒,如图 2 – 32 所示。

Step6 执行"编辑→首选项→常规"命令,在弹出的"首选项"对话框中,设置"静止图像默认持续时间"设置为 0.8 秒,如图 2 – 33 所示。

图 2 – 32　设置播放速率　　　　　图 2 – 33　设置"静止图像默认持续时间"

Step7 按照 Step3 和 Step4 的方法,将图像素材"02. jpg"至"12. jpg"拖到 V1 轨道上,如图 2 – 34 所示。

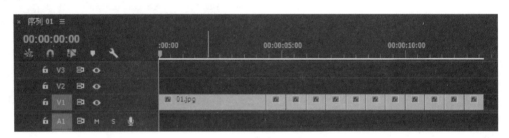

图 2 – 34　将剩余素材拖至时间线

Step8 执行"文件→导入"命令(或按【Ctrl + I】组合键),导入"M01. wav"音频素材。并将音频素材拖至"时间轴"面板中的 A1 轨道上,如图 2 – 35 所示。

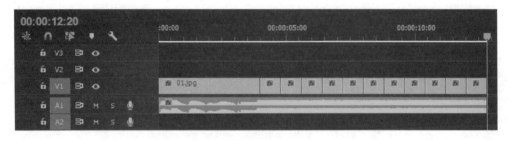

图 2 – 35　添加音频素材

Step9 按【空格】键预览视频效果,按【Ctrl + S】组合键保存项目。

2.2 【案例2】裁剪有问题的视频

当素材中有一些不想保留的片段时,就需要将这些片段裁减掉。本节将对有问题的视频素材进行剪辑,通过本案例的学习,读者能够掌握选择工具、剃刀工具、波纹编辑工具等剪辑工具的使用方法,从而能够对素材进行基本的裁剪。

 效果展示

找到案例素材中的模糊镜头部分,将其删掉,得到正常视频。

扫一扫二维码查看案例具体效果。

案例2

案例分析

在制作本案例前,首先要预览视频素材,发现在视频素材的 8 秒至 14 秒 22 帧之间、17 秒 13 帧至结尾的 29 秒 29 帧之间有镜头移动和人物声音的情况,然后,需要使用剃刀工具在将要删除的片段的两端添加编辑点,最后删除素材片段及其波纹即可。

必备知识

1. 选择工具

使用该工具可以选择、移动、编辑素材,是编辑视频时的重要工具。使用"选择工具" ▶ (或按【V】键)的具体操作方法如下。

1)选择

使用"选择工具"时既可以选中编辑点也可以选中素材,选中素材时,有一些实用的小技巧,具体如下。

图 2-36　未选中与已选中

● 单选:选择"选择工具"后,将鼠标放置在素材上单击即可选中该素材,此时选中的素材会高亮显示,如图 2-36 所示。

● 部分选择:选择"选择工具"后,按住【Shift】键的同时单击素材,可同时选中多个素材,如图 2-37 所示。除此之外,还可通过框选来选中多个素材,如图 2-38 所示。

图 2-37　跳选素材

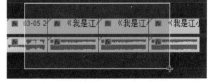

图 2-38　框选素材

● 全选:按【Ctrl + A】组合键可进行全选,若想取消全选,在空白轨道处单击即可。

● 单独选择音频轨道或视频轨道上的素材:选择"选择工具"后,按住【Alt】键的同时单击音(视)频轨道中的素材,即可选中,如图 2-39 所示。

● 同时选中多个视频、音频轨道中的素材:选择"选择工具"后,按住【Alt + Shift】组合键,在视频、音频轨道中单击即可选中,如图 2 - 40 所示。

图 2 - 39　单独选择

图 2 - 40　同时选择

2)移动

选中素材后,按住鼠标左键不放,拖动素材至所需位置即可。可以将素材移动至同一轨道的相同位置,也可移动至不同的轨道。

3)编辑

使用"选择工具"时,将鼠标移动至素材的任意一侧,当光标变成 ◀ 或 ▶ 时,按住鼠标左键拖动,即可裁剪素材。值得一提的是,使用"选择工具"时,按住【Ctrl】键,光标会变成 ,此时移动素材,即可将该段素材插入到目标位置,当目标位置处于另一素材的中间,则该段素材会将目标素材分为两段,如图 2 - 41 所示。

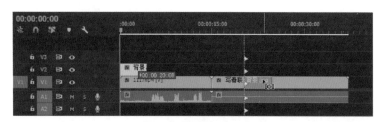

按住[Ctrl]键移动素材

移动之后

图 2 - 41　插入素材到目标位置

2. 移动时间滑块

在编辑素材时,需要移动时间滑块以定位大致时间,将鼠标放置在时间滑块上,按住鼠标左键不动进行拖动,方可移动时间滑块。若想在一个大的时间范围内精确地定位时间,可单击"节目监视器"面板中的"前进一帧"按钮 ◀ 或"后退一帧"按钮 ▶ 进行小幅度移动,如图2 - 42 所示。还可以使用【←】或【→】键进行小幅度移动,按住【Shift】键的同时按【←】或【→】键,可一次性移动 5 帧。

前进一帧　后退一帧

图 2 - 42　前进一帧和后退一帧

3. 剃刀工具

剃刀工具用于分割视频,选择"剃刀工具" (或按【C】键)在素材的任一区域进行单击,即可出现一条黑线,称为编辑点,出现编辑点之后就意味着视频已被分割,素材分割前后对比如图 2－43 和 2-44 所示。

图 2－43　未分割的视频

图 2－44　已分割的视频

在对素材进行分割时,本质上并不是将素材分成了几份,而是将素材复制了几份,没显示的部分则被隐藏起来了。例如,将一段素材"视频 A"切成两份,如图 2－45 所示,那么被切割的"视频 A"就变成了"视频 A"和一个与"视频 A"一样的视频("视频 A 副本"),只不过前者隐藏了后半部分,后者隐藏了前半部分。

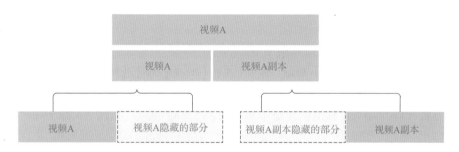

图 2－45　切割素材

使用"剃刀工具"时有几个小技巧,具体解释如下。

● 执行"序列→添加编辑"命令(或按【Ctrl + K】组合键),可直接在时间滑块所在的位置添加编辑点。

● 当需要在多个轨道的同一个位置添加编辑点,则执行"序列→添加编辑到所有轨道"命令(或按【Ctrl + Shift + K】组合键)即可,或在使用"剃刀工具"时,按住【Shift】键的同时在素材上单击,也可达到同样的效果。

● 若想删除编辑点,执行"序列→修剪编辑"(或按【T】键),即可选中编辑点,选中编辑点后,按【Ctrl +→】组合键可向后移动编辑点的位置,按【Ctrl +←】组合键可向前移动编辑点的位置,按【Delete】键可清除编辑点。

● 按【↑】键可快速跳转到上一编辑点,按【↓】键可快速跳转至下一编辑点。

4. 素材的复制、剪切和删除

在编辑素材时,往往需要一些重复的片段,因此我们会对素材中的片段进行复制;如果想将素材的位置移动,除了使用"选择工具"外还可利用剪切的方式;当然,若有多余的片段,则需将它们删除。下面对素材的复制、剪切和删除进行讲解。

1)复制

复制素材有 3 种方法,具体解释如下。

● 选中素材后,执行"编辑→复制"命令(或按【Ctrl + C】组合键),即可将该段素材复制,将时间滑块放置在所需位置,执行"编辑→粘贴"命令(或按【Ctrl + V】组合键),即可在时间滑块所在的位置粘贴该素材。

● 选中素材后,右击,在弹出的快捷菜单中选择"复制"命令即可复制选中素材,如图 2 – 46 所示。

● 选中素材后,按住【Alt】键的同时,拖动鼠标可以复制并粘贴选中素材。

2)剪切

剪切素材的方法有 2 种,具体介绍如下。

● 选中素材后,执行"编辑→剪切"命令(或按【Ctrl + X】组合键),即可将该段素材剪切,将时间滑块放置在所需位置,执行"编辑→粘贴"命令(或按【Ctrl + V】组合键),即可在时间滑块所在的位置粘贴剪切的素材。

● 选中素材后,右击,在弹出的快捷菜单中选择"剪切"命令,如图 2 – 47 所示,也可将素材剪切。

3)删除

删除素材的方法有 2 种,具体介绍如下。

● 选中素材后,执行"编辑→清除"命令(或按【Backspace】/【Delete】键),即可将选中素材删除。

● 选中素材后,右击,在弹出的快捷菜单中选择"清除"命令,如图 2 – 48 所示,也可将素材删除。

图 2 – 46　复制选项　　　　图 2 – 47　剪切选项　　　　图 2 – 48　清除选项

5. 删除波纹

使用"选择工具"拖动素材,或者删除素材后,素材与素材之间会存在空隙,如图 2 – 49 所示,这些空隙称为波纹。当视频播放到波纹处时,画面是黑屏状态。为了不影响视频的整体效果,需要将这些波纹删除,删除波纹的方式有 2 种,具体解释如下。

● 选中要删除的素材,执行"编辑→波纹删除"命令(或按【Shift + Delete】组合键),即可在删除素材的同时删除波纹;除此之外,在需要删除的素材上右击,在弹出的快捷菜单中选择"波纹删除"命令,也可达到同样的效果。

● 当已有波纹存在时,选中波纹,按【Delete】键即可删除选中波纹,除此之外,在波纹处右击,会弹出"波纹删除"选项,如图 2 - 50 所示。选中该选项即可删除波纹。

图 2 - 49　波纹

图 2 - 50　波纹删除

注意:

若删除波纹时,不能将波纹删除,那么单击轨道前方的"切换同步锁定"按钮 即可。

多学一招:同时删除轨道上的多个波纹

若一个轨道中出现了多个波纹,如图 2 - 51 所示,一个一个删除会比较麻烦,此时可以利用软件预设的素材进行调整,具体步骤如下。

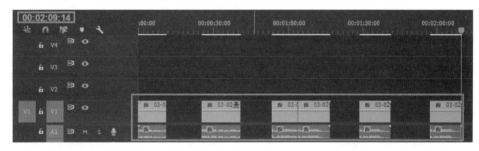
图 2 - 51　多个波纹

Step1 执行"新建→透明视频"命令(并不是只能用透明视频,彩条、黑场视频等都可以),在弹出的"新建透明视频"对话框中单击"确定"按钮,如图 2 - 52 所示。此时,"项目"面板中添加了一个透明视频。

Step2 将透明视频添加至 V2 轨道中,缩放轨道后,如图 2 - 53 所示。

图 2 - 52　创建透明视频

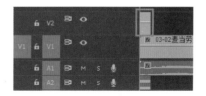
图 2 - 53　将透明视频添加至轨道

Step3 使用"选择工具" ，将鼠标指针放置在透明视频的右侧，当变成 时，向右拖动鼠标，使透明视频的时长与 V1 轨道中的素材时长相等，如图 2-54 所示。

图 2-54　调整透明视频的时长

Step4 选中 V1 轨道中的所有素材，将其拖动至 V2 轨道中，如图 2-55 所示。

图 2-55　移动 V1 轨道中的素材

Step5 再将 V2 轨道中的素材拖动至 V1 轨道中，如图 2-56 所示。此时透明视频已被分割。

图 2-56　分割 V2 轨道中的透明视频

Step6 选中 V2 轨道中的透明视频，右击，在弹出的快捷菜单中选择"波纹删除"命令后，V1 轨道中的波纹就全部去除了。如图 2-57 所示。

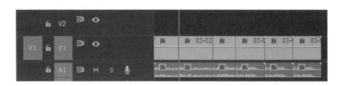

图 2-57　删除波纹

6. 波纹编辑工具

使用"波纹编辑工具" 时，与使用"选择工具"编辑素材的方法类似，都是将鼠标放置在素材两侧进行拖动。不同的是，使用"选择工具"编辑时，会留有波纹，而使用"波纹编辑工具"会自动删除波纹，对比如图 2-58 所示。选择"波纹编辑工具"后，将鼠标放置在要编辑的素材两侧，当光标变成 或 时，拖动鼠标，即可对素材进行编辑。

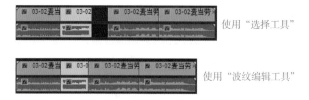

使用"选择工具"

使用"波纹编辑工具"

图 2-58　使用不同工具的效果对比

当使用"选择工具"时,按住【Ctrl】键,即可暂时变成"波纹编辑工具",同"波纹编辑工具"的使用方法及原理一致。

多学一招:识别素材是否被编辑

在 Premiere Pro 中,如果在时间轴中的素材的左上角和右上角都有一个三角符号存在,如图 2-59 所示,那么说明这段素材是原始素材,没有被编辑过;相对应的,如果是被编辑过的素材,则左侧被编辑的左侧无三角符号、右侧被编辑的右侧无三角符号。

图 2-59　未被编辑的素材

实现步骤

Step1 打开 Premiere Pro 软件,新建项目,将项目命名为"【案例 2】裁剪有问题的视频",单击"确定"按钮,新建项目。

Step2 执行"文件→导入"命令(或按【Ctrl + I】组合键),导入视频素材"年会 . mp4",将它添加至 V1 和 A1 轨道上,如图 2-60 所示。

图 2-60　将"年会 . mp4"添加至轨道

Step3 拖动缩放条,将轨道拉长,如图 2-61 所示。

图 2-61　拉长轨道

Step4 将"当前时间"设置为 8 秒(00:00:08:00),此时,时间滑块也会移动至 8 秒处,使用"剃刀工具" ，在此处左击,即可添加编辑点(或直接按【Ctrl + K】组合键),如图 2-62 所示。

图 2 - 62　添加编辑点 1

Step5　按照 Step4 的方法,分别在 14 秒 22 帧、17 秒 13 帧处添加编辑点,如图 2 - 63 所示。此时,素材已被分割成 4 段。

图 2 - 63　添加编辑点 2

Step6　使用"选择工具"▶,在第 2 段片段上左击,选中该片段后按【Backspace】键 (或【Delete】键)删除该片段。此时该区域会出现波纹,如图 2 - 64 所示。

图 2 - 64　删除片段

Step7　选中波纹,右击,会弹出一个"波纹删除"的选项,如图 2 - 65 所示,单击该选项,删除波纹。

图 2 - 65　波纹删除

Step8　按照 Step6 的方法,删除第 4 段素材片段,按【Ctrl + S】组合键保存项目。

2.3　【案例3】制作快速播放效果

　　视频中经常会有一些快速播放或播放缓慢的效果,这些效果其实指的是改变现实运动形态的一种技术方法。本节将制作一个快动作镜头的案例,通过本案例的学习,读者能够掌握如何设置素材的入点和出点、修改视/音频的播放速率、分离和链接素材、剪辑素材等知识点。

　　昙花在音乐响起的那一刻开始开放,有一定的卡点效果。

　　　扫一扫二维码查看案例具体效果。

案例3

　　案例分析

　　本案例由一个视频素材及一个音频素材组成,需要将视频素材中的音频删除,添加新的音频素材,从而得到一个全新的视频。在制作时,可以将其分为两部分来制作。

1. 调整原视频素材

在制作这一部分的时候,首先要调整视频的播放速度,再去除视频素材中原有的音频。

2. 链接新的音频素材

预览音频素材时发现音频中有一定的节奏,为了效果更好,可以在花苞开始开放时与音乐波动增大处进行匹配,因此要计算一下时间:花苞在 1 秒 14 帧处开始开放,音乐的卡点处在 19 秒 11 帧处开始卡点,若要视频、音频匹配,则需要音频在卡点的 1 秒 14 帧前使音频开始播放,也就是用 19 秒 11 帧减去 1 秒 14 帧,所得到的数值就是音频入点的位置;处理后的视频总时长是 20 秒 04 帧,用入点的时间加上视频总时长的时间,就是音频出点的位置。

 必备知识

1. 素材的入点和出点

入点和出点分别代表了视频在输出时的开始点和结束点。在制作影片时,往往不会将项目中的所有片段都导出,这就需要为素材设置入点和出点,截取其中一段。添加入点和出点时,可以对入点和出点进行清除以及快速跳转。

1)添加入点和出点

添加入点和出点有三种方式,具体步骤如下。

● 执行命令:执行"标记→标记入点"命令(或按【I】键),设置入点;执行"标记→标记出点"命令(或按【O】键),设置出点。当时间标尺上出现高亮显示,则说明出点、入点设置成功,如图 2 – 66 所示。

● 单击按钮:在"源"面板中或"节目监视器"面板中单击"标记入点"按钮█与"标记出点"按钮█即可在相应的面板中设置入点和出点。值得注意的是,在"节目监视器"中标记的入点和出点会在轨道上显示,如图 2 – 67 所示,中间的浅粉色(高亮处)即为入点和出点之间的内容。

图 2 – 66 高亮显示

图 2 – 67 入点和出点

● 右击:在任意面板中的"时间标尺"上右击,即可弹出图 2 – 68 所示的快捷菜单,在菜单中选择相应的选项即可。

在"源"面板中设置入点和出点之后,再拖动"源"面板中的素材至轨道上,轨道上显示的则是入点和出点之间的素材片段。

2)跳转到入点和出点

跳转到入点和出点有三种方式,具体步骤如下。

● 执行命令：选中素材，执行"标记→转到入点"命令（或按【Shift + I】组合键），即可跳转到入点；执行"标记→转到出点"命令（或按【Shift + O】组合键），即可跳转到出点。

● 单击按钮：在"源"面板或"节目监视器"面板中单击"转到入点"按钮 与"转到出点"按钮 即可在对应面板中快速跳转入点和出点。

● 右击：在任意面板中的"时间标尺"上右击，即可弹出图 2 - 69 所示的快捷菜单，在菜单中选择相应的选项即可。

图 2 - 68　快捷菜单　　　　　　　　图 2 - 69　跳转到入点和出点

 多学一招：快速跳转至轨道上素材的起始点与结束点

按【Home】键可以快速跳转至轨道上素材的起始点，按【End】键可以快速跳转至轨道上素材的结束点。

（3）清除入点和出点

在 Premiere Pro 中，可以单独清除入点、出点，还可以同时清除入点和出点。

● 执行"标记→清除入点"命令（或按【Ctrl + Shift + I】组合键）即可清除入点。

● 执行"标记→清除出点"命令（或按【Ctrl + Shift + O】组合键）即可清除出点。

● 执行"标记→清除入点和出点"命令（或按【Ctrl + Shift + X】组合键）即可同时清除入点和出点。

值得注意的是，在任意面板中的"时间标尺"上右击，即可弹出图 2 - 70 所示的快捷菜单，在菜单中选择相应的选项即可。

清除入点
清除出点
清除入点和出点

2. 提升和提取

"提升"和"提取"按钮位于"节目监视器"面板的下方，都是

图 2 - 70　清除入点、出点

用于快速删除轨道中素材，具体用法如下。

1）提升

使用"提升"按钮 编辑素材时，会删除选中轨道中入点和出点之间的素材片段，相邻素材的位置不变，而被删除素材的位置会留下波纹。

例如，在轨道中标记入点和出点，此时选中轨道的素材中会显示一段高亮的片段，如图 2 - 71 所示。单击"提升"按钮，单独删除高亮片段，留下波纹。如图 2 - 72 所示。

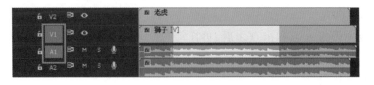

图 2 - 71　标记入点和出点

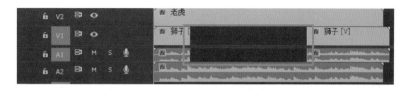

图 2-72　提升素材

2）提取

"提取"的用法与"提升"一致,但使用"提取"按钮 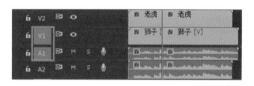 编辑素材时,不但会删除入点和出点之间的素材片段,还会删除留下的波纹,使其后面的素材片段前移。若"时间轴"面板中的不同轨道上存在素材,那么单击"提取"按钮,会删除其他未锁定轨道的入点和出点之间的所有素材片段。

单击"提取"按钮后,没有选中轨道中的素材片段也被删除,且波纹随之删除,后面的素材则会向前移动,如图 2-73 所示。

图 2-73　提取素材

3. 插入和覆盖

"插入"和"覆盖"按钮位于"源"面板中,可以快速地将"源"面板中的素材添加到选中轨道上时间滑块的位置,具体用法如下。

1）插入

使用插入功能时,时间滑块后面的所有素材都会向后移动,若时间滑块处于一个素材的中间,那么此时插入的新素材会将原有的素材分成两段,直接插在其中,原有素材后面的片段则会紧贴在新素材的后面。

例如,在"时间轴"面板中定义轨道,并移动时间滑块至所需位置,如图 2-74 所示。双击"项目"面板中的素材,此时,素材会在"源"面板中进行显示,单击下方的"插入"按钮 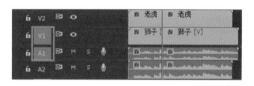,则新素材会插入到原素材中间,并将原素材分为两段,如图 2-75 所示。

图 2-74　定义轨道

图 2-75　插入素材

2）覆盖

覆盖的使用方法与插入一致，但单击"覆盖"按钮![icon]后，所插入的素材会将原素材中后半部分的相同时长的片段覆盖，如图 2-76 所示。

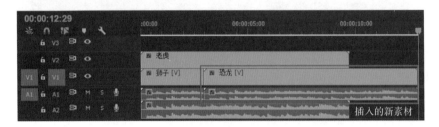

图 2-76　覆盖素材

注意：在插入素材时，只定义视频轨道，那么素材中只有视频被添加进视频轨道中，只定义音频轨道，那么素材中只有音频被添加进音频轨道中。

4. 修改视频、音频素材的播放速率

对素材的播放速率进行更改，可以使素材产生快速或慢速播放的效果，修改视频、音频素材的播放速率的方法有两种，具体解释如下。

1）通过"比率拉伸工具"

选择"比率拉伸工具"![icon]（或按【R】键）工具，将光标放置在素材的开始或结尾处，当光标变成![icon]时，按住鼠标拖动，即可对素材进行拉伸，如图 2-77 所示。将素材总长度缩短时，速度变快；将素材总长度拉长时，速度变慢。

例如，原素材是一个从 1 播放到 10 的视频，时长为 4 秒，如图 2-78 所示，选择"比率拉伸工具"，将鼠标放置在视频结尾处，向左拖动至 2 秒的位置，该视频的内容仍是从 1 播放到 10，如图 2-79 所示，但时长则变短了，时长变短、内容不变，视频的播放速度就变快了。

图 2-77　使用"比率拉伸工具"

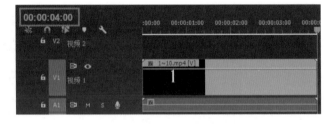

图 2-78　原 1~10 素材

注意："比率拉伸工具"只针对单一素材，并不适用于同时修改多个素材。

2）通过"剪辑速度/持续时间"对话框

执行"剪辑→速度/持续时间"命令（或按【Ctrl+R】组合键）即可弹出"剪辑速度/持续时间"对话框，如图 2-80 所示。在对话框中设置速度即可，默认值为 100%，即正常播放、当输入的数值高于 100% 是快速播放、低于 100% 是慢速播放。还可以通过持续时间来设置素材的播放速率，以匹配其他素材。下面有 3 个常用的参数，分别是"倒放速度""保持音频音调"

"波纹编辑,移动尾部剪辑",对它们的解释如下。

图 2-79　缩短素材时间　　　　　图 2-80　设置播放速率

● 倒放速度:勾选该选项时可以在更改素材速度的同时,将其设置为倒放效果,依旧以 2-80 所示的素材为例,当设置完持续时间后,勾选了"倒放速度"这一选项,那么,素材中的内容就变成了从 10 到 1。

● 保持音频音调:一旦调整了素材的播放速度,素材中的音频、音调会默认改变,若不想让原声改变,那么勾选这个选项即可。

● 波纹编辑,移动尾部剪辑:用于调整后面素材的位置。如图 2-81 所示为原素材,在原素材中包含了 3 段素材,其中,第 2 段素材的内容是从 1 到 10,总时长为 4 秒。当将素材的播放速度调至 200%,素材的时长就会变短,中间会有波纹存在,如图 2-82 所示;当将素材的播放速度调至 50%,素材的时长就会变长,由于该素材后面的素材位置不会移动,因此,多出来的时长会被隐藏,如图 2-83 所示。也就是说,该素材中的内容不会显示从 1 到 10,而是显示从 1 到 5。

图 2-81　原素材

图 2-82　播放速度 200%

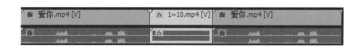

图 2-83　播放速度 50%

若勾选了"波纹编辑,移动尾部剪辑"选项后,后面的所有素材会向后或向前移动,如图 2-84 所示。

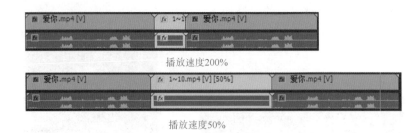

播放速度200%

播放速度50%

图 2 - 84 勾选"波纹编辑,移动尾部剪辑"选项后

注意:当素材为图像等静止帧时,则不能设置倒放和音频音调两个选项。

5. 分离和链接素材

在编辑视频的时候,往往需要将视频素材的音频部分和视频部分分离,以单独调用,或者是将视频、音频链接在一起,以作为整体进行调整,下面对分离素材的视频、音频与链接素材的视频、音频进行讲解。

1)分离素材的视频、音频

在轨道上选中素材之后,执行"剪辑→取消链接"命令(或按【Ctrl + L】组合键),即可分离素材的视频和音频部分。或者选中素材之后,右击,在弹出的快捷菜单中选择"取消链接"命令,即可分离素材的视频部分和音频部分,取消链接后的视频、音频可以单独选择,如图 2 - 85 所示。

2)链接素材的视频、音频

在轨道上选中素材之后,执行"剪辑→链接"命令(或按【Ctrl + L】组合键),即可链接素材的视频和音频部分。或者选中素材后右击,在弹出的快捷菜单中选择"链接"命令,即可链接素材的视频部分和音频部分,链接后的视频、音频不能单独选择,如图 2 - 86 所示。

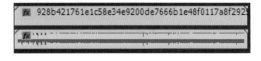

图 2 - 85 分离的视频、音频   图 2 - 86   链接的视频、音频素材

当素材被添加至轨道上之前,在"时间轴"面板中单击"链接选择项"按钮,即可开启该功能,此时图标会变成蓝色,再将视频素材添加至轨道上,系统就会自动链接素材中的视频、音频。关闭该选项后,在将视频素材添加至轨道后会自动分离素材中的视频、音频,在 Premiere Pro 中该选项为系统默认开启。

◎ 实现步骤

1. 调整原素材

 Step1 打开 Premiere Pro 软件,新建项目,将项目命名为"【案例 3】制作快速播放效果",单击"确定"按钮,新建项目。

Step2 执行"文件→导入"命令（或按【Ctrl + I】组合键），导入视频素材"昙花一现.mp4"，将它添加至 V1 和 A1 轨道上，如图 2 - 87 所示。

图 2 - 87 添加素材到轨道上

Step3 拖动缩放条，将轨道拉长至所需长短。

Step4 此时"节目监视器"面板中展示出效果图，按【空格】键观看效果，在昙花凋谢前的那一瞬间，即 1 分 0 秒 11 帧（00:01:00:11）处，再次按【空格】键暂停播放，使用"剃刀工具" ◈ 在时间滑块处单击，分割素材，如图 2 - 88 所示。

Step5 使用"选择工具" ▶ 选中后半部分素材片段，如图 2 - 89 所示，按【Delete】键删除。

图 2 - 88 分割素材

图 2 - 89 选中素材片段

Step6 选中素材，右击，在弹出的快捷菜单中选择"取消链接"命令，如图 2 - 90 所示。

Step7 选中 A1 轨道中的素材，按【Delete】键删除，如图 2 - 91 所示

图 2 - 90 取消链接

图 2 - 91 删除 A1 轨道中的素材

Step8 选中 V1 轨道中的素材，右击，在弹出的快捷菜单中，选择"速度/持续时间"命令，弹出"剪辑速度/持续时间"对话框，在对话框中设置速度为 300%，如图 2 - 92 所示。

2. 链接新的音频素材

Step1 在"项目"面板中，双击"M02"音频素材，此时"源"面板中显示效果，将"源"面板中的"当前时间"设置成"00：00：17：22"，单击下方的"标记入点"按钮，在此处标记入点。

Step2 将"源"面板中的"当前时间"设置成 38 秒 1 帧，单击下方的"标记出点"按钮，在此处标记出点，如图 2 - 93 所示。

Step3 将鼠标放置在"仅拖动音频"按钮处，按住鼠标左键，将音频添加至 A1 轨道中，如图 2 - 94 所示。

图 2 - 92　"剪辑速度/持续时间"对话框

图 2 - 93　标记出点和入点

图 2 - 94　添加音频

Step4 按【空格】键预览视频效果，按【Ctrl + S】组合键保存项目。

2.4　【案例 4】制作分屏播放视频的效果

在电视中经常会看到多屏视频，多屏视频指在一个屏幕中同时展示多个视频的效果。本节将制作一个多屏的案例，通过本案例的学习，读者能够掌握在"节目监视器"中调整素材位置、创建软件预设素材、为项目中的素材打包等知识点。

效果展示

播放倒计时片头后，在一个屏幕中同时播放三个新年主题的视频。

扫一扫二维码查看案例具体效果。

案例4

案例分析

在制作本案例时，可以将其分为 3 步制作，首先制作通用倒计时片头；然后再制作内容区；最后打包项目中所用素材。

1. 制作通用倒计时片头

新建一个倒计时片头，对预设好的片头的参数进行调整。并对倒计时片头进行编辑，保留从 5 秒到 2 秒之间的片段。

2. 制作内容区

制作内容区时,需要将视频素材放置在图像素材"背景"轨道的上方,再从"节目监视器"面板中依次调整视频素材的大小及位置,然后删除视频素材中的音频,再添加新的音频至轨道中,对音频进行调整即可。

3. 打包项目中所用素材

内容制作完成后,为了避免原素材丢失,需要将项目所需的素材打包起来,调出"项目管理器"对话框调整参数即可。

✎ 必备知识

1. 轨道上素材的基础设置

为了满足制作需要,往往需要对素材进行基础的设置。与 2.1 节的素材设置不同的是,此处是设置编辑中的素材,而不是"项目"面板中的素材设置。将素材添加至轨道后,素材的基础设置包括移动素材的位置、改变素材的大小和旋转素材的角度。在对素材进行基础设置之前,首先要选中素材,双击"节目监视器"面板中的素材,即可选中素材。

选中的素材边缘会出现带有蓝色点的边框(此处的边框统称为定界框、蓝色的点称为边点或角点),中心会出现一个带加号的圆形(此处称为"锚点"),如图 2-95 所示。这个锚点代表了素材的中心点,在调整素材大小时,是以中心点为中心进行调整。在实际操作中可以任意移动锚点。

○ 边点
□ 角点

未选中   选中

图 2-95 选中素材前后

• 改变素材位置:将鼠标指针放置在素材上,按住鼠标左键进行拖动,即可移动素材在序列中的位置,如图 2-96 所示。

• 改变素材大小:将鼠标指针放置在任一边点或角点处,当变成 样式时,按住鼠标左键拖动,即可放大或缩小素材,如图 2-97 所示。

图 2-96 改变素材位置   图 2-97 改变素材大小

● 旋转素材角度:将鼠标指针放置在边点或角点处,当变成时,按住鼠标左键拖动,即可旋转素材,如图 2－98 所示。

图 2－98　旋转素材

多学一招:缩放为帧大小

缩放为帧大小可以将素材自动等比缩放以匹配序列,选中素材后,右击,在弹出的快捷菜单中选择"缩放为帧大小"命令即可,如图 2－99 所示。

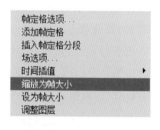

图 2－99　"缩放为帧大小"
命令

2. 创建通用倒计时片头

通用倒计时通常用于影片开始前的倒计时准备。执行"文件→新建"命令,在右侧会弹出菜单,选择"通用倒计时片头"选项,如图 2－100 所示。

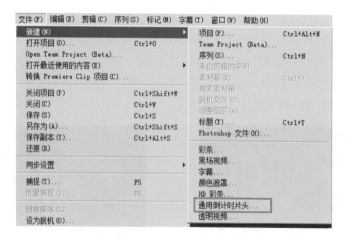

图 2－100　选择"通用倒计时片头"选项

在打开的"新建通用倒计时片头"对话框（见图 2-101）中设置宽度、高度、时基等参数，这些参数一般以序列参数为准以匹配序列。在设置完参数后，单击"确定"按钮，弹出"通用倒计时设置"对话框，如图 2-102 所示，在对话框中包含了一些参数，如擦除颜色、背景色、线条颜色等颜色参数以及提示音设置的相关参数。若想更改某一颜色的设置，单击对应颜色后面的颜色框（如此处单击擦除颜色后的颜色框），即可弹出"拾色器"对话框，如图 2-103 所示。

图 2-101　"新建通用倒计时片头"对话框

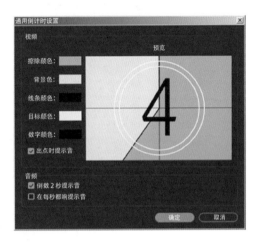

图 2-102　"通用倒计时设置"对话框

图 2-103　"拾色器"对话框

在"拾色器"对话框中，将鼠标放在"色域"上，光标就会变成空心圆，单击，即可选中"拾色器"所在位置的颜色，在"当前颜色"处可查看所选颜色。若想更改其他颜色，如绿色、蓝色等，只需将鼠标移至"颜色滑块"上单击。"吸管工具"可以快速吸取在整个界面中的任意颜色，在"色值"处输入色值也可快速更改颜色。设置完成后，单击"确定"按钮，返回"通用倒计时设置"对话框，可以发现对应的颜色已经改变，如图 2-104 所示。

当所有参数均设置完毕，单击"确定"按钮，软件会自动将这段倒计时片头素材添加到"项目"窗口。系统默认的倒计时片头时长为 11 秒。在"项目"面板以及"时间轴"面板中双击这段素材,随时可以打开"通用倒计时设置"对话框,对参数进行修改。

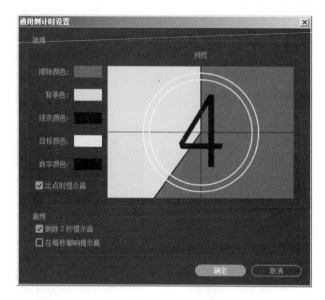

图 2 - 104　更改颜色

此外,在"项目"面板中,单击"新建项"按钮 **┓**,在弹出的菜单(如图 2 - 105 所示)中选择对应的选项即可。设置方法与上述一致。

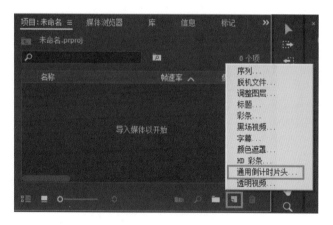

图 2 - 105　弹出菜单

3. 脱机文件

在 Premiere Pro 中编辑素材时,若原素材被删除或路径发生变化时,都会导致在软件中的素材丢失,而出现图 2 - 106 所示的脱机状态。这个丢失的素材称为脱机文件。

在打开脱机文件所在的项目时,软件会弹出"链接媒体"对话框,如图 2 - 107 所示。在对话框中可以选择相应的操作,如"脱机""查找""取消"等。单击"脱机"按钮后,脱机文件起到一个占位符的作用,再次打开项目时,不会弹出"链接媒体"对话框;单击"查找"按钮代表要查找脱机文件;单击"取消"按钮代表既不脱机也不查找,只关闭对话框。

图 2 – 106　脱机状态

图 2 – 107　"链接媒体"对话框

当单击"脱机"时,并不是指软件中的素材和软件外的素材无任何联系,想查找脱机文件时,在轨道上选中素材,右击,在弹出的快捷菜单中选择"链接媒体"命令,如图 2 – 108 所示,打开"链接媒体"对话框,在对话框中单击"查找"按钮即可。

图 2 – 108　"链接媒体"命令

4. 为项目中的素材打包

使用 Premiere Pro 时,若不小心移动或删除了添加到项目中的素材,很容易造成脱机,影响工作效率。这时,为项目中的素材打包很有必要,它是指将项目所用到的素材全部放置在同一个文件夹中,以方便管理。

　　执行"文件→项目管理"命令，打开"项目管理器"对话框，如图 2 – 109 所示。在对话框中的"序列"选项组中选择需要打包的序列；再设置导出的选项（一般情况下用默认选项）；最后设置路径，将文件夹放置在特定位置即可。

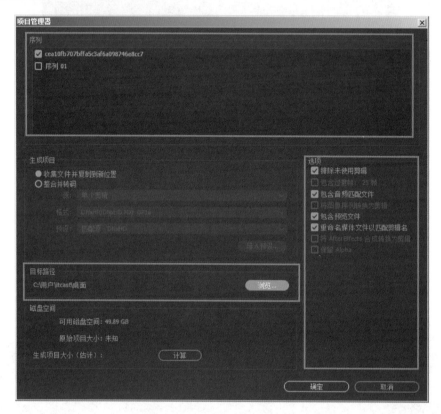

图 2 – 109　"项目管理器"对话框

　　若没有保存项目，那么在单击图 2 – 109 所示"项目管理器"对话框中的"确定"按钮后，会弹出一个是否保存项目的提示框，如图 2 – 110 所示，单击"是"按钮，即可将项目中所用到的素材统一放置在一个文件夹中。

图 2 – 110　是否保存项目提示框

　　在给项目打包之后，文件夹中除了包含项目源文件和项目所用到的素材之外，还会多出来几个文件夹，如图 2 – 111 所示，这些文件夹是项目中的一些缓存文件。

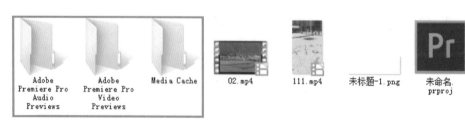

图 2 – 111　多出来的文件夹

◎ 实现步骤

1. 制作通用倒计时片头素材

Step1 打开 Premiere Pro 软件,新建项目,将项目命名为【案例4】制作分屏播放视频的效果,单击"确定"按钮,新建项目。

Step2 在"时间轴"面板中,单击"新建项"按钮,在弹出的快捷菜单中选择"通用倒计时片头"命令,如图 2 – 112 所示,弹出"新建通用倒计时片头"对话框,如图 2 – 113 所示。在对话框中设置相关参数即可。

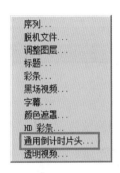

图 2 – 112　选择"通用倒计时片头"选项　　图 2 – 113　"新建通用倒计时片头"对话框

Step3 单击"新建通用倒计时片头"对话框中的"确定"按钮,弹出"通用倒计时设置"对话框,参数设置,如图 2 – 114 所示,该预设素材就会被添加至"项目"面板中。

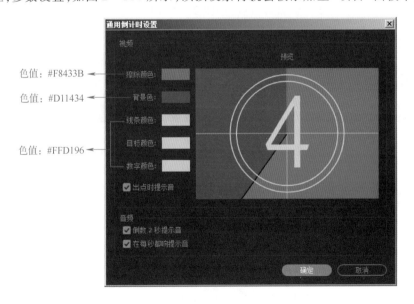

图 2 – 114　在"通用倒计时设置"对话框中设置参数

Step4 将"项目"面板中的倒计时片头素材添加至 V1 和 A1 轨道中,如图 2-115 所示。

图 2-115 将通用倒计时素材添加至轨道

Step5 拖动缩放条,将轨道拉长至所需长短。

Step6 移动时间滑块,当"节目监视器"中的
素材显示成图 2-116 所示的样子时,停止滑动,按【Ctrl
+K】组合键添加编辑点,如图 2-117 所示。

图 2-116 "5 秒"画面

图 2-117 添加编辑点

Step7 将选中编辑点前方的素材片段删除,并随之删除波纹,如图 2-118 所示

图 2-118 删除前方素材片段

Step8 移动时间滑块,当"节目监视器"中的素材显示成图 2-119 所示的样子时,
停止滑动,按【Ctrl+K】组合键添加编辑点,如图 2-120 所示。

图 2-119 "5 秒"画面

图 2-120 添加编辑点

Step9 按照 Step7 的方法,删除 2 后面的素材片段。

2. 制作内容区

Step1 按【Ctrl+I】组合键,依次导入图像素材"背景. jpg"和视频素材"写春联. mp4"
"新年挂件. mp4""美食. mp4",如图 2-121 所示。

Step2 将"项目"面板中的"背景. jpg"添加至 V1 轨道中,如图 2-122 所示。

Step3 依次将视频素材"写春联. mp4""新年挂件. mp4""美食. mp4"分别添加到
V2、V3、V4 轨道中,与背景素材对齐,如图 2-123 所示。

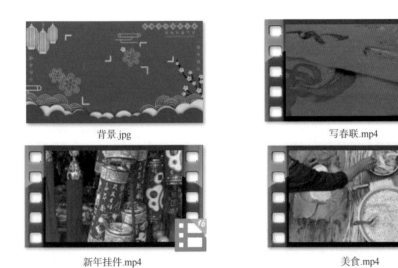

背景.jpg
写春联.mp4
新年挂件.mp4
美食.mp4

图 2－121　导入素材

通用倒计时片头 [V]
背景

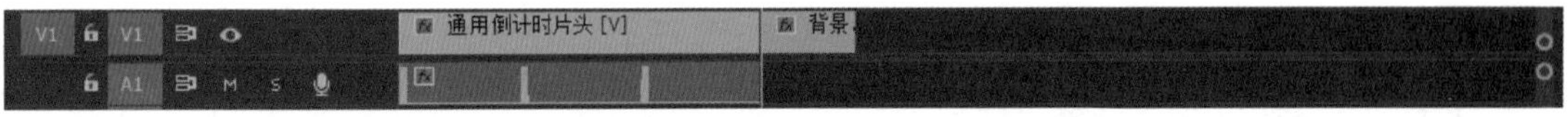

图 2－122　添加“背景 . jpg”到轨道中

美食.mp4 [V]
新年挂件.mp4 [V]
写春联.mp4 [V]
通用倒

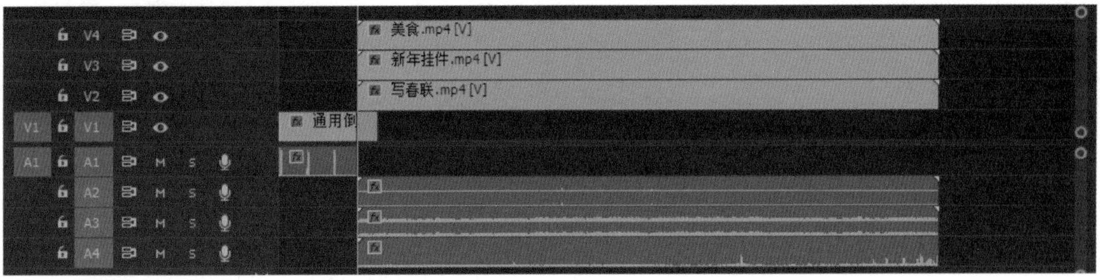

图 2－123　添加视频素材到轨道中

Step4 框选三个视频素材，右击，在弹出的快捷菜单中选择“取消链接”选项，将视频与音频取消链接，并将视频素材中的音频删除。

Step5 使用“选择工具”，将“背景. jpg”素材的时长拖到与其他视频素材等长的位置，如图 2－124 所示。

美食.mp4 [V]
新年挂件.mp4 [V]
写春联.mp4 [V]
通用倒
背景.jpg

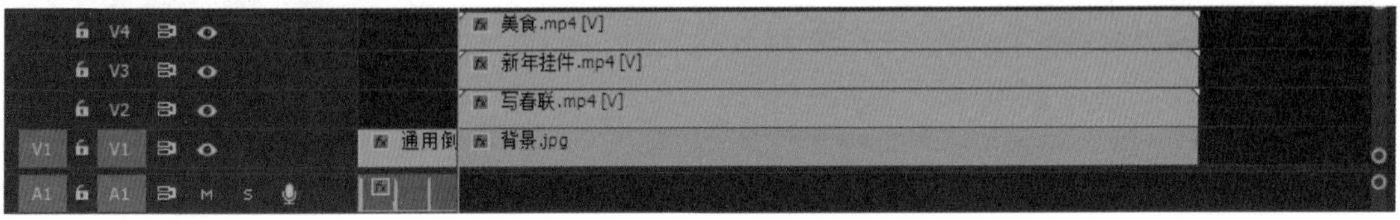

图 2－124　延长“背景 . jpg”时长

Step6 在"节目监视器"中将缩放级别调整为20%,选中"美食.mp4",在"节目监视器"中双击,当出现蓝色的点时,将鼠标放置在素材下边的蓝色点上,当光标变成█时,向上拖动,缩小素材,如图2-125所示。

Step7 按照 Step6 的方法,将其他两个视频素材也缩小,并移动至图2-126所示的位置。

图2-125　缩小素材

图2-126　调整素材位置及大小

Step8 按【Ctrl+I】组合键导入音频素材"M03.mp3",并将其添加至 A1 轨道中,紧贴倒计时片头音频的尾部,如图2-127所示。

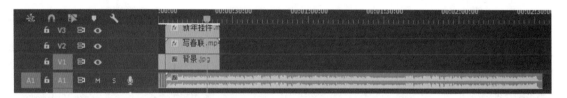

图2-127　添加音频

Step9 将轨道拉长,并将时间滑块定位在视频轨道中素材的末尾,即25秒3帧的位置,如图2-128所示。按【Ctrl+K】组合键添加编辑点,再选中后面多余的音频,删除即可。

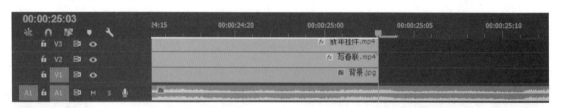

图2-128　移动滑块位置

3. 打包项目所用素材

Step1 执行"文件→项目管理"命令,在弹出的"项目管理器"对话框中选择序列并设置路径,如图2-129所示。

图 2 – 129   设置路径

Step2 单击"确定"按钮后，会弹出一个是否保存项目的提示框，如图 2 – 130 所示。单击"是"按钮，即可将项目中用到的所有素材打包至一个文件夹，如图 2 – 131 所示。

图 2 – 130   是否保存项目提示框

图 2 – 131   打包素材文件

拓展案例

通过所学知识，制作一个播放皮影戏的效果。

扫一扫二维码查看案例具体效果。

拓展案例

第**3**章
视频特技转场

学习目标

- ◆ 了解转场及转场的作用。
- ◆ 掌握如何使用转场效果以及调整转场效果。
- ◆ 掌握转场插件的安装及使用。

通常情况下,一个完整的视频都是由一段一段素材拼接而成的,在素材与素材衔接时难免会出现跳屏的状况,从而会给观众一种视频衔接生硬的感觉。这时就可以利用一些手法来降低这种感觉,这些手法就是为衔接不畅的位置添加特技转场效果。本章将对转场的相关知识进行讲解。

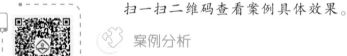

3.1 【案例5】制作四季交替效果

在 Premiere Pro 中,通过转场效果可以更好地使素材之间切换得更平滑。本节将制作一个四季交替效果的案例,通过本案例的学习,读者能够认识转场,掌握转场效果等相关知识。

效果展示

春、夏、秋、冬四季按序柔和展示,在观看视频画面的同时还有音乐,使图像在切换时有优美的效果。

扫一扫二维码查看案例具体效果。

案例分析

本案例共包含 4 个图像素材及 1 个音频素材。在制作时,首先需要将图像素材的大小与序列进行匹配,然后在素材的编辑点处添加不同的转场效果,最后将音频添加至轨道中,适当调整以匹配图像。

必备知识

1. 认识转场

一个完整的视频往往会传达一个完整的故事,但故事中会有不同的片段及场景,当片段与片段或场景与场景之间进行过渡或转换时,那么这个动作或过程就称为转场。

转场一般分为无特技转场和特技转场,其中,无特技转场是指在拍摄时,镜头与镜头之间自然过渡,实现视觉上的流畅转换,图 3-1 所示为某电视剧片段的无特技转场画面。特技转场是指在片段、场景衔接时,使用一些过渡手法,使其衔接自然、顺畅。当片段或场景之间过渡比较生硬时,就需要添加一定的转场效果,以降低生硬感,图 3-2 所示为特技转场画面效果。

图 3-1　无特技转场画面　　　　　　　　图 3-2　特技转场画面

特技之所以会降低生硬感,是因为软件将两段素材其中的一段余量部分做了一个混合,使两段素材之间相互融合,即"你中有我、我中有你"的一种状态,如图 3-3 所示。

注意: 静态图像是有无限余量的。

2. 认识转场效果

转场效果指在转场时添加的一系列效果,在 Premiere Pro 中,包含了 7 组转场效果文件夹,分别是"3D 运动""划像""擦除""溶解""滑动""缩放""页面剥落"。在"效果"面板"视频过渡"文件夹中单击文件夹前的按钮▶,打开图 3-4 所示的文件夹列表。单击其中一个按钮▶,即可看到文件夹中详细的效果。其中"溶解"文件夹中的"交叉溶解"为软件默认的转场效果。

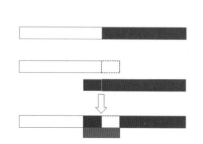

图 3-3　"你中有我、我中有你"的一种状态　　　　图 3-4　转场效果

3. 转场效果的基础设置

转场效果的基础设置一般包括添加、清除和替换转场效果。

1）添加

在"效果"面板中选中一个转场效果，按住鼠标左键，将它拖动至轨道上素材的编辑点处，当光标变成▇样式时，松开鼠标即可成功添加。在不同的位置添加，图标显示样式不同（见图 3-5）。结果也不同，当效果被添加在素材开头，就在开头显示，同样地，还可以将效果添加到素材的尾部编辑点和两段素材的中间衔接处。

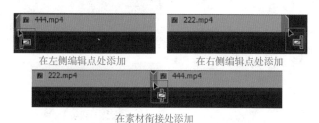

图 3-5　图标显示样式

将转场效果添加至素材后，素材中会显示添加的效果名称，如图 3-6 所示。需要注意的是，当在两个素材中间添加转场效果时，若两个素材均是完整、未被裁剪的素材，那么添加效果时会弹出"过渡"的提示框，提示余量不足，如图 3-7 所示。此时单击"确定"按钮即可，效果同样可以被应用在素材中，只是在过渡时不是动态画面，而是静止画面，此时效果背景会显示条纹，如图 3-8 所示。

图 3-6　显示效果名称　　　　　　图 3-7　"过渡"提示框

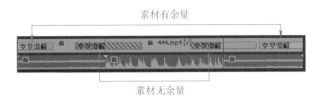

图 3-8　从效果显示查看素材有无余量

此外,若想为素材批量添加某一个效果,那么选中素材后,执行"序列→应用视频过渡"命令(或按【Ctrl+D】组合键),可以在选中素材的所有编辑点处添加默认效果,即素材的两端及其衔接处,如图 3-9 所示。

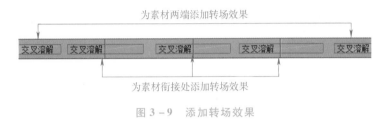

图 3-9　添加转场效果

多学一招:更改默认转场效果

在制作项目时,如果需要重复运用一个转场效果,那么,将它设置为默认的转场效果会相对提高工作效率。在"效果"面板中,选中某个效果,右击,弹出"将所选过渡设置为默认过渡"选项,如图 3-10 所示,选择该选项即可将所选效果设置为默认效果。

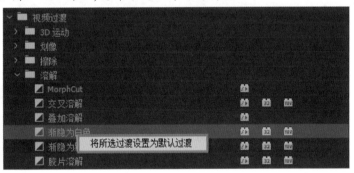

图 3-10　"将所选过渡设置为默认过渡"选项

2)清除

若想取消转场效果,则将它清除即可。在素材上单击所要清除的效果,右击,弹出图 3-11 所示的快捷菜单,选择"清除"命令即可删除选中效果(或按【Delete】键)。

3)替换

若想更改应用到素材中的效果,除了将它删除再添加其他效果这种方法外,直接将选中效果拖动到所需位置,新效果便会覆盖原有的效果,这样做会节省很多时间,从而提升工作效率。

图 3-11　弹出的菜单

4. 3D 运动

在 3D 运动文件夹中共有 2 个效果，分别是"立方体旋转"和"翻转"，如图 3 – 12 所示。其中"立方体旋转"，可以视为素材在一个立方体上贴着，如图 3 – 13 所示。当立方体旋转时，素材会随着立方体旋转而旋转，如图 3 – 14 所示。而"翻转"可以视为两个素材同时在一张纸的正反两面贴着，当纸被翻过来的时候，才会看到另一面的素材，如图 3 – 15、图 3-16 所示。

图 3 – 12　3D 运动　　　图 3 – 13　立方体　　　图 3 – 14　立方体旋转

 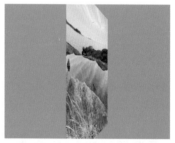

图 3 – 15　前一页　　　　　　图 3 – 16　后一页

5. 划像

在"划像"文件夹中包括"交叉划像""圆划像""盒形划像""菱形划像"4 个效果，如图 3 – 17 所示。这四个效果原理类似，都是后面的素材以一个形状展开，前面的素材以相同的形状收缩。其中"交叉划像"为十字展开效果，如图 3 – 18 所示；"圆划像"为圆形展开效果，如图 3 – 19 所示；"盒形划像"为方形展开效果，如图 3 – 20 所示；"菱形划像"就是菱形展开效果，如图 3 – 21 所示。

图 3 – 17　划像

图 3 – 18　交叉划像　　图 3 – 19　圆划像　　图 3 – 20　盒形划像　　图 3 – 21　菱形划像

实现步骤

Step1 打开 Premiere Pro 软件,新建项目,将项目命名为"【案例 5】制作四季交替效果",单击"确定"按钮,新建项目。

Step2 执行"文件→新建→序列"命令(或按【Ctrl + N】组合键),弹出"新建序列"对话框,在对话框里设置相关参数,如图 3 - 22 所示。

Step3 执行"编辑→首选项→常规"命令,在弹出的"首选项"对话框中设置"静止图像默认持续时间"为 5 秒,如图 3 - 23 所示。

图 3 - 22 设置新建序列相关参数   图 3 - 23 设置"静止图像默认持续时间"

Step4 执行"文件→导入"命令(或按【Ctrl + I】组合键),导入图 3 - 24 所示的 4 个图像素材至"项目"面板中。

春.jpg   冬.jpg   秋.jpg   夏.jpg

图 3 - 24 图像素材展示

Step5 在"项目"面板中依次选中"春.jpg""夏.jpg""秋.jpg""冬.jpg",按顺序添加至 V1 轨道中,如图 3 - 25 所示。

图 3 - 25 添加素材到轨道上

Step6 使用"选择工具"选中这 4 个素材,右击,在弹出的快捷菜单中选择"缩放为帧大小"命令,如图 3 - 26 所示。得到效果如图 3 - 27 ~ 图 3 - 30 所示。

图 3-26　"缩放为帧大小"选项

图 3-27　春　　　　图 3-28　夏　　　　图 3-29　秋　　　　图 3-30　冬

Step7　在"节目监视器"面板中适当调整图像素材在序列中的大小,使之与序列匹配,如图 3-31 和图 3-32 所示。

图 3-31　调整前　　　　　　　　　　图 3-32　调整后

Step8　在"效果"面板中的"视频过渡"文件夹中找到"盒形划像"效果,按住鼠标左键将它拖动至"春.jpg"开头的编辑点处,当光标变成图 3-33 所示的样子时松开鼠标,此时此处会显示效果名称,如图 3-34 所示。

图 3-33　图标

盒形划像

图 3-34　显示效果名称

Step9　按照 Step8 的方法,依次在后面的 3 个编辑点处添加"圆划像""菱形划像"

"立方体旋转"3 个效果,如图 3 – 35 所示。

图 3 – 35　添加其他转场效果

Step10　导入音频素材"M05. mp3",并将其添加至 A1 轨道中,如图 3 – 36 所示。

图 3 – 36　添加音频

Step11　将时间滑块移动至 20 秒处,按【Ctrl + K】组合键在此处添加编辑点,并选中后半部分素材的片段,按【Delete】键删除选中的片段,如图 3 – 37 所示。

图 3 – 37　删除多余音频

Step12　按【Ctrl + S】组合键,执行"文件→项目管理"命令,在弹出的"项目管理器"对话框中,设置路径,如图 3 – 38 所示。单击"确定"按钮,将项目中所用的素材打包。

图 3 – 38　"项目管理器"对话框

3.2　【案例6】制作时光相册

Premiere Pro 软件中提供了多种转场效果,利用这些转场效果就能制作出视频相册的效果。本节将制作一个时光相册,通过本案例的学习,读者能够掌握如何调整转场效果,并了解擦除、溶解、滑动等转场效果。

 效果展示

音乐响起,6 个和校园有关的图像素材按序播放。

扫一扫二维码查看案例具体效果。

案例6

效果分析

本案例共包含 6 个图像素材、1 个 psd 的分层素材及 1 个音频素材。在制作时,可以将其分为 3 部分来制作。

1. 添加转场效果

首先将素材按一定的顺序添加到轨道上,然后添加转场效果,再调整效果的持续时间。

2. 添加文字

将文字所在的图像素材添加在上方的轨道中,并放置在合适的位置,添加一个转场效果使之逐渐出现,再适当调整效果的持续时间。

3. 添加音频

将音频拖到音频轨道上后,需要先将前方无声音的片段及波纹删除,再删除后面多余的片段。在音频中,只需要第一段歌手唱歌的片段,其余的删除即可。

必备知识

1. 调整转场效果

当转场效果被应用到素材中后,可以在“效果控件”面板中调整它的持续时间、基本样式等。

1)调整持续时间

同图像类似,转场效果也有其默认的持续时间,若想增加或减少效果的持续时间,可以在素材上选中效果后,在“效果控件”面板中“持续时间”后的数值上输入数值或按住鼠标左键拖动,如图 3-39 所示;也可以在素材上选中效果后右击,在弹出的快捷菜单中选择“设置过渡持续时间”命令,如图 3-40 所示,此时会弹出一个“设置过渡持续时间”对话框,如图 3-41所示,在对话框中设置时间即可。

图 3-39　“效果控件”设置持续时间

图 3-40　“设置过渡持续时间”选项

　　除了上面两种方法之外,还可以直接拖动素材中的效果进行更改,这种方法方便快捷,但缺点是不够精确。将轨道拖动到合适大小,选中效果,将鼠标放置在效果的开头或结尾处,此时光标会变成 样式,如图 3 - 42 所示,按住鼠标左键左右拖动即可

图 3 - 41　"设置过渡持续时间"对话框

拖动前

拖动中

拖动后

图 3 - 42　拖动改变效果的持续时间

多学一招:设置视频过渡默认持续时间

　　若多个转场效果需要设置为同一持续时间,那么在添加效果之前执行"编辑→首选项→常规"命令,在弹出的"首选项"对话框中,可以设置"视频过渡默认持续时间",如图 3 - 43 所示。

图 3 - 43　设置"视频过渡默认时间"

2)设置效果的基本样式

　　在 Premiere Pro 中,不同的转场效果在"效果控件"面板中会有不同的样式设置,图 3 - 44、图 3-45 所示为"棋盘"和"交叉溶解"效果的基本样式设置。在"效果控件"面板中,"棋盘"可以设置边框宽度、边框颜色,还可以设置效果开始与结束的状态等,而"交叉溶解"就没有这些基本样式可以设置。

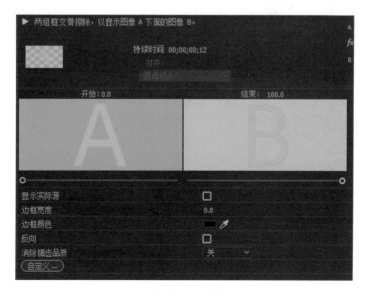

图 3 - 44　"棋盘"效果的基本样式设置

图 3－45　"交叉溶解"效果的基本样式设置

2. 擦除

在"擦除"文件夹中共包含了 17 个转场效果,如"划出""双侧平推门""带状擦除""径向擦除""插入""时钟式擦除"等,如图 3－46 所示。该文件夹中效果的共同点在于通过擦除素材 A 的不同部分或样式来显示素材 B。图 3－47 和图 3－48 所示为素材 A 和素材 B,图 3－49 和图 3-50 所示为"百叶窗"和"油漆飞溅"效果。

图 3－46　擦除

图 3－47　素材 A

图 3－48　素材 B

图 3－49　百叶窗

图 3－50　油漆飞溅

3. 溶解

在"溶解"文件夹中包含了七个转场效果,依次是"MorphCut""交叉溶解""叠加溶解""渐隐为白色""渐隐为黑色""胶片溶解""非叠加溶解",如图 3 - 51 所示。该文件夹中的效果特点是随着第一段逐渐淡出,第二段素材逐渐淡入,从而实现柔和的转场效果。具体解释如下。

● Morph Cut :Morph Cut 采用脸部跟踪和可选流插值的高级组合,在一段剪辑之间形成无缝衔接,以致于看起来就像拍摄视频一样自然,适用于在同一段视频素材中的剪辑。例如,在剪辑某一段视频时,中间删除了一段有问题的视频,那么相邻的两段视频在衔接的时候会比较生硬,此时使用 Morph Cut 效果会消除这种生硬感。当将该效果拖至衔接处时,软件会在后台自动进行分析,如图 3 - 52 所示,分析的时间长短与计算机的配置有关。值得一提的是,若不是在同一段素材中剪辑,那么得到的效果就是在播放视频时,将素材 A 和素材 B 两段素材相互融合在一起,最后展示素材 B,如图 3 - 53 ~ 图 3 - 55 所示。

图 3 - 51　溶解　　　　　　　　　　　　图 3 - 52　在后台进行分析

图 3 - 53　素材 A　　　　　图 3 - 54　Morph Cut 分析后　　　　　图 3 - 55　素材 B

● 交叉溶解:该效果为标准的淡入淡出,也是在实际生活中最为常用的效果之一,随着视频播放,素材 A 逐渐淡出,与此同时素材 B 逐渐淡入,直到完全显示,如图 3 - 56 ~ 图 3 - 58 所示。

图 3 - 56　素材 A　　　　　　图 3 - 57　交叉溶解　　　　　　图 3 - 58　素材 B

● 叠加溶解：是在素材 A 逐渐淡出与素材 B 逐渐淡入的同时，添加一种曝光的画面效果并渐隐淡出，以显示素材 B，如图 3 - 59 ~ 图 3 - 62 所示。

图 3 - 59　素材 A　　　图 3 - 60　添加曝光　　　图 3 - 61　曝光渐隐　　　图 3 - 62　素材 B

● 渐隐为白色：是指在视频播放时，素材 A 逐渐变为白色，再从白色逐渐变为素材 B，效果如图 3 - 63 ~ 图 3 - 66 所示。

图 3 - 63　素材 A　　　图 3 - 64　变为白色　　　图 3 - 65　变为素材 B　　　图 3 - 66　素材 B 显现

● 渐隐为黑色：与"渐隐为白色"相反，是在视频播放时，素材 A 逐渐变为黑色，再从黑色逐渐变为素材 B，效果如图 3 - 67 ~ 图 3 - 70 所示。

图 3 - 67　素材 A　　　图 3 - 68　变为黑色　　　图 3 - 69　变为素材 B　　　图 3 - 70　素材 B 显现

● 胶片溶解：与"交叉溶解"效果极为类似，只是实现的原理不同，在实际生活中，"交叉溶解"更为常用。

● 非叠加溶解：在视频播放时，素材 B 会出现在素材 A 的彩色区域内，如图 3 - 71 ~ 图 3 - 73 所示。在实际生活中，该效果并不常用。

图 3 - 71　素材 A　　　　　图 3 - 72　非叠加溶解　　　　　图 3 - 73　素材 B

4. 滑动

"滑动"文件夹中包含了 5 种效果,分别是"中心拆分""带状滑动""拆分""推""滑动",如图 3 - 74 所示。"滑动"文件夹中的效果主要通过素材的滑入和滑出来实现转场。图 3 - 75 和图 3-76 所示为素材 A 和素材 B,具体效果介绍如下。

图 3 - 74　滑动　　　　　图 3 - 75　素材 A　　　　　图 3 - 76　素材 B

- "中心拆分"是将素材 A 拆分为 4 部分,这四部分随着播放会沿着四个角滑出,以显示素材 B,如图 3 - 77 所示。
- "带状滑动"是素材 B 以条状从左右两侧滑入,逐渐遮盖素材 A,如图 3 - 78 所示。
- "拆分"与"中心拆分"类似,只是"拆分"是将素材 A 拆分成两部分,这两部分随着播放向左右两侧滑出以显示素材 B,如图 3 - 79 所示。

图 3 - 77　中心拆分　　　　图 3 - 78　带状滑动　　　　图 3 - 79　拆分

- "推"是随着素材 B 的滑入,素材 A 滑出,如图 3 - 80 所示。
- "滑动"与"推"效果类似,区别在于当素材 A 滑入时,素材 B 不会滑出,而是被覆盖,如图 3 - 81 所示。

图 3 - 80　推　　　　　　　　图 3 - 81　滑动

多学一招：趣味转场

　　平时刷小视频的时候，通常能看到图 3-82 和图 3-83 所示的彩条和黑场画面，这些画面也可用于转场，下面对这两种效果进行解释。

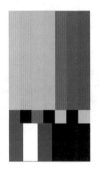

图 3-82　彩条　　　　　　　　图 3-83　黑场

　　（1）彩条和 HD 彩条。当处理视频时，想得到一个故意遮盖片段的效果，可以在片段位置添加彩条，出现这个效果的同时还会伴有嘀声出现。在 Premiere Pro 中，彩条被分为"彩条"和"HD 彩条"，如图 3-84 和图 3-85 所示。执行"文件→新建→彩条"或"文件→新建→HD 彩条"时则会弹出"新建彩条"或"新建 HD 彩条"对话框，如图 3-86 和图 3-87 所示。在对话框中设置视频宽度、时基等参数后，单击"确定"按钮，软件会自动将这段彩条素材添加到"项目"面板中。

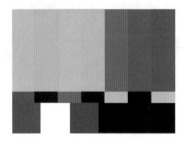

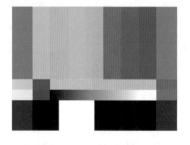

图 3-84　彩条　　　　　　　　图 3-85　HD 彩条

图 3-86　"新建彩条"对话框　　　图 3-87　"新建 HD 彩条"对话框

"彩条"和"HD 彩条"除了在显示方面有区别之外,其他并无区别。

(2)黑场视频。黑场通常用于视频的开头和结尾,起到引导观众开始观看与结束观看的作用。在电影的片尾通常会有一段黑场视频,上面加有制片人、演员等信息。执行"文件→新建→黑场"命令,弹出"新建黑场视频"对话框,如图 3 - 88 所示。在对话框中设置视频宽度、时基等参数后(一般情况下,这些参数与序列匹配,若无特殊情况不做修改),单击"确定"按钮,软件会自动将这段黑场视频素材添加到"项目"面板中。

图 3 - 88 "新建黑场视频"对话框

实现步骤

1. 添加转场效果

Step1 打开 Premiere Pro 软件,新建项目,将项目命名为"【案例 6】制作时光相册",单击"确定"按钮,新建项目。

Step2 执行"文件→新建→序列"命令(或按【Ctrl + N】组合键),弹出"新建序列"对话框,在对话框里设置相关参数,完成序列创建,如图 3 - 89 所示。

Step3 执行"文件→导入"命令(或按【Ctrl + I】组合键),导入图 3 - 90 所示的 6 个图像素材至"项目"面板中。

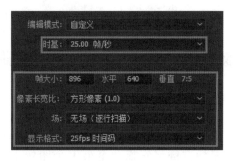

图 3 - 89 设置新建序列相关参数

毕业.jpg

操场.jpg

封面.jpg

课堂.jpg

落叶.jpg

体育馆.jpg

图 3 - 90 图像素材展示

Step4 依次将"课堂""体育馆""操场""毕业""落叶"添加至 V1 轨道中,如图 3 – 91 所示。

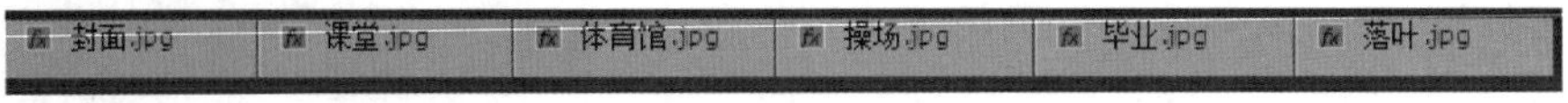

| 封面.jpg | 课堂.jpg | 体育馆.jpg | 操场.jpg | 毕业.jpg | 落叶.jpg |

图 3 – 91　添加图像素材至轨道

Step5 在"节目监视器"面板中适当调整与序列大小不匹配的图像素材,使之大小与序列匹配,如图 3 – 92 和图 3 – 93 所示。

图 3 – 92　调整前 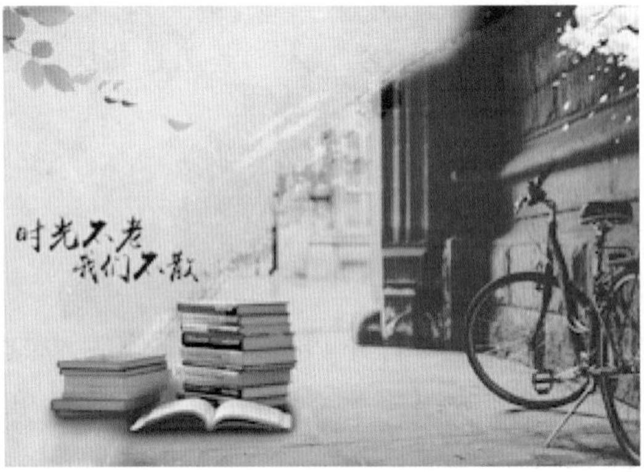　　　　　　　　　　　　　　图 3 – 93　调整后

Step6 在"效果"面板"视频过渡"中的"擦除"文件夹中找到"双侧平推门"效果,按住鼠标左键将它拖动至第 1 个图像素材与第 2 个图像素材衔接的编辑点处,当光标变成图 3 – 94 所示的样子时松开鼠标,即可添加成功。

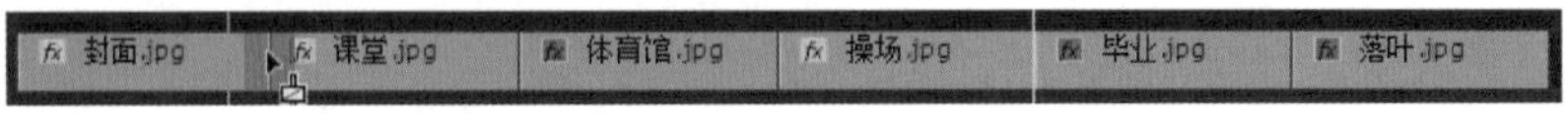

| fx 封面.jpg | fx 课堂.jpg | 体育馆.jpg | fx 操场.jpg | 毕业.jpg | 落叶.jpg |

图 3 – 94　图标

Step7 在"时间轴"中选中添加的效果,在"效果控件"面板中设置效果的持续时间为 5 秒,如图 3 – 95 所示。

图 3 – 95　设置效果的持续时间

Step8 按照 Step6 和 Step7 的方法,依次在后面的 3 个编辑点处添加"油漆飞溅""交叉溶解""中心拆分""渐变擦除"4 个效果,并分别设置效果的持续时间为 4 秒,如图 3 – 96 所示。

图 3 – 96 添加其他转场效果

2. 添加文字

Step1 按【Ctrl + I】组合键导入素材"文字 . psd",如图 3 – 97 所示,弹出"导入分层文件"对话框,如图 3 – 98 所示。在对话框中单击"确定"按钮,即可将 psd 分层素材添加至"项目"面板中。

图 3 – 97 psd 分层素材   图 3 – 98 "导入分层文件"对话框

Step2 在"时间轴"面板中将时间滑块放置在 27 秒 2 帧处,如图 3 – 99 所示。

图 3 – 99 定位时间滑块

Step3 单击 V2 轨道前方的"定位轨道",如图 3 – 100 所示。

Step4 在"项目"面板中双击"文字 . psd",然后在"源"面板中单击"覆盖"按钮 ，将素材添加至时间滑块所在的位置,如图 3 – 101 所示。

图 3 – 100 定位轨道

图 3 – 101 添加素材至时间滑块所在位置

Step5 将"落叶.jpg"图像素材的可持续时间设置为 7 秒 2 帧,如图 3 – 102 所示。

图 3 – 102　设置素材可持续时间

Step6 在"效果"面板"视频过渡"中的"擦除"文件夹中找到"插入"效果,按住鼠标左键将它拖动至"文字.psd"分层素材开始位置,并将效果的可持续时间设置为 4 秒,如图 3 – 103 所示。

图 3 – 103　添加转场效果

3. 添加音频

Step1 将"M06.mp3"音频素材添加至 A1 轨道中,如图 3 – 104 所示。

图 3 – 104　添加音频

Step2 将时间滑块拖动至 1 秒 21 帧处,选中音频素材,按【Ctrl + K】组合键在音频的 1 秒 21 帧处添加编辑点,如图 3 – 105 所示。

Step3 选中第一段音频素材,按【Delete】键删除素材片段,并将后面的素材向前移动,如图 3 – 106 所示。

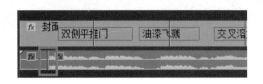　

图 3 – 105　为音频添加编辑点　　　　　图 3 – 106　删除素材片段

Step4 选中音频素材,将时间滑块移动至 29 秒 3 帧处,按【Ctrl + K】组合键在此处添加编辑点,如图 3 – 107 所示。选中后半部分素材片段,按【Delete】键删除选中片段。

图 3 – 107　删除多余音频

Step5 按【Ctrl + S】组合键,执行"文件→项目管理"命令,在弹出的"项目管理器"对话框中,设置路径,如图 3 – 108 所示。单击"确定"按钮,将项目中所用的素材打包。

图 3 – 108　"项目管理器"对话框

3.3 【案例 7】制作景区宣传片

除了使用软件中自带的效果外,还有一些转场效果的插件,里面包含了更多更炫酷的转场效果。本节将制作一个景区宣传片的效果,通过本案例的学习,读者能够掌握如何使用转场插件、如安装、应用等,并了解页面剥落和缩放这两个软件自带的效果。

 效果展示

风景图像在切换时,有一道光划过,进而切换下一张图像。

扫一扫二维码查看案例具体效果。

 案例分析

案例7

本案例共包含 5 个图像素材及 1 个音频素材。在制作时,首先添加一个效果,并对该效果的持续时间和样式进行编辑;然后对效果进行复制并粘贴到后面的编辑点处,粘贴之前要注意编辑点处无其他效果,否则效果的持续时间不会被同步复制;最后将音频素材添加到音频轨道中,适当裁剪即可。

✎ 必备知识

1. 快速应用同一参数的效果

需要在一个项目中应用同一个参数的转场效果时,如效果的持续时间及其样式,若重新添加再对其进行编辑会很浪费时间,从而降低工作效率。在 Premiere Pro 软件中可以快速应用同一参数的效果。

在"时间轴"面板中选中需要复制的效果,按【Ctrl + C】组合键进行复制,使用"选择工具"▶选中编辑点,如图 3 - 109 所示,按【Ctrl + V】组合键粘贴,即可将效果的参数一同粘贴,值得注意的是,若粘贴的位置上有其他效果,那么只能粘贴效果的样式,不能粘贴持续时间。

图 3 - 109　选中编辑点

2. 页面剥落

在"页面剥落"文件夹中共包含了 2 个转场效果,分别是"翻页"和"页面剥落",如图 3 - 110 所示。使用该文件夹中的效果,在播放视频时,素材 A 和素材 B 通常会采用翻转或滚动的方式切换,类似于翻书效果。图 3 - 111 和图 3-112 所示为素材 A 和素材 B。其中"翻页"效果是将素材 A 进行翻转,但不卷曲,翻转时可以看到素材 A 出现在背面,素材 A 在翻转的同时,显示素材 B,如图 3 - 113 所示;"页面剥落"效果是从素材 A 的一角卷起,从而显示素材 B,如图 3 - 114 所示。

图 3 - 110　页面剥落

图 3 - 111　素材 A

图 3 - 112　素材 B

图 3 - 113　翻页

图 3 - 114　页面剥落

3. 缩放

在"缩放"文件夹中,只有一个"交叉缩放"效果,如图 3 - 115 所示。添加该效果后,在播放视频时,素材 A 会放大,放大到一定程度之后(见图 3 – 116),显示放大化的素材 B(见图 3 –117),而素材 B 会逐渐缩小,直到正常显示。

图 3 – 115   缩放

图 3 – 116   素材 A 放大   图 3 –117   放大化的素材 B

4. 转场插件

在实际生活中,若软件自带的效果不能满足制作需要,可以安装专业的转场插件,插件中的转场效果的使用方法与软件自带效果使用方法一致。本书将以"Transition Packs"插件为例,对安装和汉化两方面进行讲解。

1)安装

"Transition Packs"插件的安装非常简单,将软件下载并获取正版权限后,双击安装包即可弹出安装的对话框,如图 3 – 118 所示。单击"Go!"按钮即开始安装,安装时会显示进度,如图 3 – 119 所示。安装后该对话框会显示安装完成的提示,如图 3 – 120 所示,单击"Done"按钮即可。

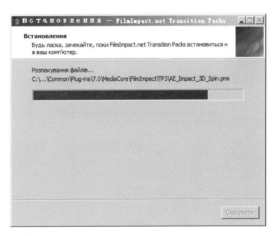

图 3 – 118   开始   图 3 – 119   进度

注意:安装转场插件后,需要重启 Premiere Pro 软件,否则插件不会生效。

将插件安装后,再次打开 Premiere Pro 软件,在"视频过渡"文件夹中会出现转场效果文件夹,如图 3 – 121 所示。

图 3－120　完成

图 3－121　插件中的效果文件夹

2）汉化

由图 3－121 所示可知,这些效果文件夹均是英文,若想将英文文字转化为中文文字,则需要将其汉化,汉化步骤如下。

（1）关闭软件,在安装的文件夹中找到"FilmImpact"文件夹,双击打开即可看到图 3－122 所示的子文件夹。

（2）将教学资源中的汉化包打开,将同名文件夹中的同名子文件复制并粘贴到"FilmImpact"文件夹中,此时会弹出"确认文件夹替换"提示框,如图 3－123 所示。

图 3－122　"FilmImpact"文件夹中的
子文件夹

（3）勾选"为所有当前项执行此操作"复选框后,单击"是"按钮,接着会弹出"复制文件"对话框,如图 3－124 所示。在提示框中勾选"为之后 37 个冲突执行此操作"复选框,选择"复制和替换"选项即可。

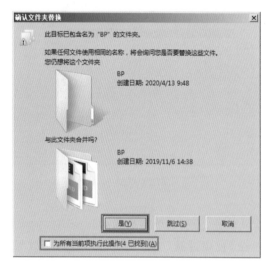

图 3－123　"确认文件夹替换"提示框

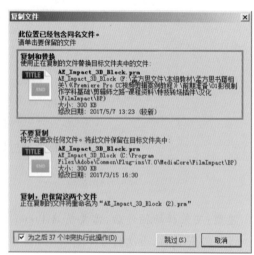

图 3－124　"复制文件"提示框

一系列操作之后,再次打开 Premiere Pro 软件,即可看到已经汉化成功,如图 3－125 所示。

◈ 实现步骤

Step1 打开 Premiere Pro 软件,新建项目,将项目命名为"【案例 7】制作景区宣传片",单击"确定"按钮,新建项目。

Step2 执行"文件→新建→序列"命令(或按【Ctrl + N】组合键),弹出"新建序列"对话框,在对话框里设置相关参数,如图 3 – 126 所示。单击"确定"按钮之后即可新建序列。

图 3 – 125　汉化完成

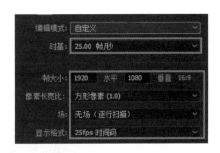

图 3 – 126　新建序列

Step3 执行"文件→导入"命令(或按【Ctrl + I】组合键),导入图 3 – 127 所示的 5 个图像素材至"项目"面板中。

图 3 – 127　图像素材展示

Step4 依次将"01. jpg"~"05. jpg"图像素材添加至 V1 轨道中,如图 3 – 128 所示。

01.jpg	02.jpg	03.jpg	04.jpg	05.jpg

图 3 – 128　添加图像素材至轨道

Step5 在"效果"面板中,搜索"复印机",即可找到"复印机"效果,如图 3 – 129 所示,将其添加至 01 和 02 的衔接处,如图 3 – 130 所示。

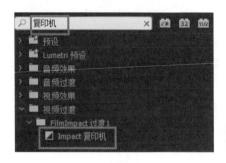

图 3 – 129 搜索复印机   图 3 – 130   添加"复印机"效果

Step6 在"时间轴"中选中添加的效果,在"效果控件"面板中设置效果的持续时间为 3 秒,如图 3 – 131 所示。

Step7 在下面样式中,设置"头部柔和度"为 50、"尾部柔和度"为 20、"线厚度"为 8、"发光颜色"为黄色(RGB:255、240、0),如图 3 – 132 所示,效果如图 3 – 133 所示。

图 3 – 131 设置效果的持续时间   图 3 – 132   更改样式

调整前   调整后

图 3 – 133   "Impact 复印机"效果

Step8 选中"时间轴"中的"复印机"效果,按【Ctrl + C】组合键复制效果,使用"选择工具" ▶选中 02 和 03 之间的编辑点,如图 3 – 134 所示。按【Ctrl + V】组合键粘贴,效果如图 3 – 135 所示。

图 3 – 134 选中编辑点   图 3 – 135   粘贴效果 1

Step9 按照 Step8 的方法,为 03 和 04 之间的编辑点及 04 和 05 之间的编辑点粘贴效果,效果如图 3 - 136 所示。

图 3 - 136　粘贴效果 2

Step10 按【Ctrl + I】组合键导入音频素材"M07",将其添加至 A1 轨道上,如图 3 - 137 所示。

图 3 - 137　将音频素材添加到轨道上

Step11 在"时间轴"中将时间滑块拖至 25 秒处,选中音频素材,按【Ctrl + K】组合键,在时间滑块所在位置添加编辑点,如图 3 - 138 所示。删除音频素材后面的片段,如图 3 - 139 所示。

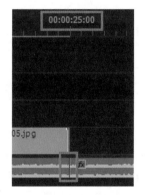

图 3 - 138　添加编辑点

图 3 - 139　删除音频素材后半段

Step12 按【Ctrl + S】组合键,并将项目中所用的素材打包。

拓展案例

通过所学知识,使用转场插件制作一个镜头切换的效果。

扫一扫二维码查看案例具体效果。

拓展案例

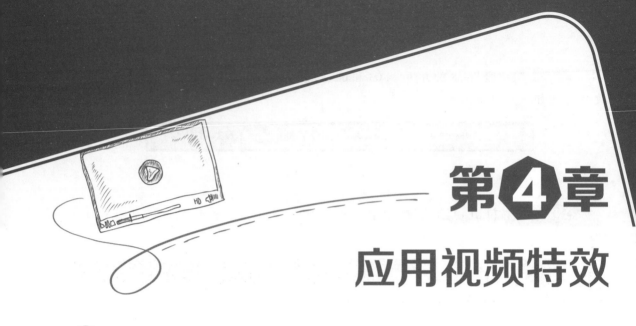

第4章

应用视频特效

学习目标

◆ 掌握如何调整素材的基础效果，且能够配合关键帧的应用制作视频。

◆ 掌握如何添加、清除、调整视频特效，能够为视频设置特效。

◆ 掌握视频特效的种类，能够利用特效制作炫酷的视频特效。

视频特效可以使视频更加绚丽，在 Premiere Pro 中，提供了大量的视频特效，它们不仅可以应用到视频素材上，还能应用到图像及文字等素材中。在使用这些特效之前，首先要了解这些特效。本章将带领读者了解常用的视频特效，并掌握如何使用特效，如添加、清除、调整特效等知识点。

4.1 【案例8】制作电商展示视频

我们在网上购物时，通常会看到商品展示的视频。在 Premiere Pro 中，设置好关键点后，调整素材的位置、不透明度等参数就可以制作素材的运动效果。本案例将制作一个电商商品展示的视频，通过本案例的学习，读者能够了解视频的基础效果，并掌握关键帧的应用、批量调整视频特效等知识点。

案例8

效果展示

按序展示耳机图像，随后将这些图像缩小到一个画面上，然后再次放大展示。播放视频时，还伴有音乐。

扫一扫二维码查看案例具体效果。

案例分析

本案例共包含 7 个图像素材和一个音频素材，在制作本案例时，可以将其分成 3 个部分来制作。

1. 调整素材的持续时间

在导入素材之前需要将"静止图像默认时间"设置为 1 秒。导入除"颜色展示"外的其余

6 个图像素材,将素材按顺序添加至轨道,并依次调整它们的持续时间。

2. 调整素材的运动效果

这部分在制作的时候较为复杂,要为各个素材的"位置"和"缩放"效果添加关键帧,再调整各个素材的缩放比例及移动位置。

3. 嵌套序列

为了更好地展示商品,需要再次展示图像素材,再次将商品的 6 个图像添加到轨道上,做一个"放大"的效果。为了更方便操作,需要将这 6 个图像素材嵌套成序列,再统一为序列调整缩放比例。

📎 必备知识

1. 调整素材的基础效果

在 Premiere Pro 软件中的每个素材都有其自带的效果,在"效果控件"面板中即可看到这些基础效果,如运动、不透明度和时间重映射,如图 4 – 1 所示。

图 4 – 1 视频基础效果

1)运动

在运动效果中包含了位置、缩放、缩放宽度、旋转、锚点、防闪烁滤镜等参数,具体解释如下。

● 位置:用于调整素材的位置,后面所对应的
数值分别为横向坐标和纵向坐标,也就是 X 轴和
Y 轴坐标,如图 4 – 2 所示。将鼠标指针放置在坐
标上,按住鼠标左键左右拖动,素材会跟着移动。

图 4 – 2 位置

● 缩放:用于缩放素材大小,相对应的后面也有一个数值,向左拖动数值是缩小素材、向右拖动是放大素材,打开左侧的箭头 ▶,可以拖动滑块来缩放素材,如图 4 – 3 所示。

● 缩放宽度:用来定义素材缩放的比例,通常情况下会勾选下方的"等比缩放"选项。

● 旋转:用于定义素材的旋转角度,拖动后面的数值可以设置旋转角度。打开左侧的箭头 ▶,可以拖动表针来缩放素材,如图 4 – 4 所示。

图 4 – 3 滑块展示

图 4 – 4 表针展示

● 锚点:用于调整素材的中心点,在"节目监视器"中双击素材,即可看到锚点,如图 4 – 5 所示。例如将锚点放置在一角,那么在旋转素材时,则会以这个角为中心进行旋转。在移动锚点时,可以看到"效果控件"中数值的变化。

● 防闪烁滤镜:用于消除视频素材中闪烁的对象。

2)不透明度

图 4 – 5　锚点

在不透明度效果中包含了不透明度和混合模式等参数,具体解释如下。

● 不透明度:用于设置素材的不透明度,当不透明度为 0% 时,素材完全透明,当不透明度为 100% 时,素材完全不透明,而当不透明度介于 0%～100% 时,素材处于半透明状态,数值越小,图像越接近完全透明。

● 混合模式:用于调整素材的混合模式,混合模式是指一个层与其下面一层的混合方式。共包含 27 种混合模式,如图 4 – 6 所示。不同的混合模式可以产生不同的显示效果。例如,图 4 – 7 和 4-8 为源素材,图 4 – 9 和 4-10 所示是混合模式为"叠加"和"饱和度"的效果显示。值得注意的是,只有两个轨道中同时有素材,并且为上方轨道中的素材设置混合模式才能看到效果。

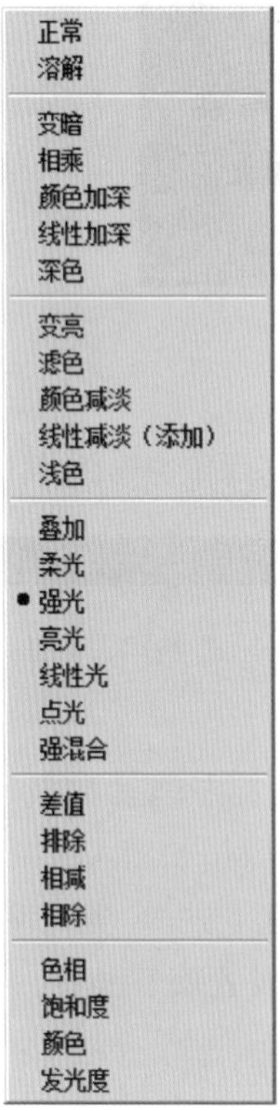

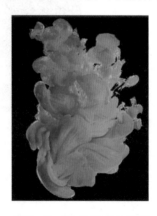

图 4 – 7　V2 轨道上的素材

图 4 – 6　混合模式

图 4 – 8　V1 轨道上的素材

图4-9 叠加 图4-10 饱和度

3）时间重映射

时间重映射用于设置素材的播放速度，但与修改素材的"速度/持续时间"效果不一样，修改素材的"速度/持续时间"是突然间变缓慢或加速，而通过时间重映射调整的视频速度是有一定过渡的。选中素材后，选中"时间重映射"选项，将时间滑块放置在需要开始变速的地方，单击"添加/移除关键帧"按钮 ⊙ ，添加关键帧，再按照此方法在结束变速的地方添加关键帧，如图4-11所示。

图4-11 添加关键帧

展开"速度"选项，右侧则会出现一条线，这条线就代表了播放速率，将鼠标指针放置在这条线上，当其变成 时，上下拖动即可改变素材的播放速率。其中，向上拖动是增加播放速率，也就是变快；向下拖动是减小播放速率，也就是变慢。当拖动某个关键帧时，关键帧会被分割成两个，此时的线也变成带斜坡的线，如图4-12所示。这就代表了逐渐缓慢变速。

图4-12 缓慢变速

多学一招：在"时间轴"面板里设置时间重映射

在"时间轴"面板中素材左上角的 fx 处右击，在弹出的快捷菜单中选择"时间重映射→速度"选项，如图4-13所示，此时，轨道上素材的显示方式发生了变化，如图4-14所示。这时，选择"钢笔工具" 将鼠标指针放置在需要开始变速的位置，当其变为 时（如图4-15所示）单击（或按住【Ctrl】键，当鼠标指针变为 时单击），即可确定第一个关键帧，再次单击可确定第二个关键帧，如图4-16所示。

图 4 – 13　选择"时间重映射→速度"选项

图 4 – 14　素材显示方式

图 4 – 15　添加关键帧 1

图 4 – 16　添加关键帧 2

此时,将鼠标指针移动至中间的线上,当其变为█时,上下拖动即可改变视频的播放速率,此处以减小播放速率为例,向下拖动,此时下面会显示数值,使速率变为 40%,如图 4 – 17 所示,松开鼠标该视频会变长,如图 4 – 18 所示。

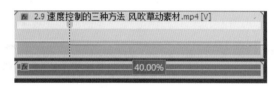

图 4 – 17　调整速率 1

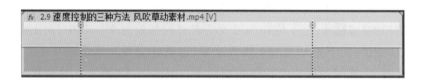

图 4 – 18　调整速率 2

将鼠标指针放置在第一个关键帧上,当其变为█后,向左拖动,线即可出现坡度,如图 4 – 19 所示。也就是视频播放速度是逐渐变慢而不是突然变慢。

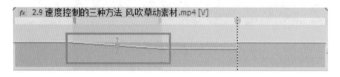

图 4 – 19　坡度线

2. 关键帧的应用

大多数特效的使用都离不开关键帧,关键帧是形成动画的主要方式之一。在 Premiere Pro 中,关键帧是指一个特定的点,在某个时间处添加关键帧时,就是在这个时间位置设置了特定的值。一个关键帧会保存一个设置的信息,使用关键帧有助于我们实现更平滑的视频特效。如图 4 – 20 所示的视频素材,将其添加至轨道上,选中素材,并将时间滑块移动至 1 秒的位置,添加一个关键帧。设置视频素材的不透明度为 50%,在视频播放到该关键帧处时,视频的不透明度就会变为 50%,如图 4-21 所示。由于视频素材的开始和结束点的不透明度均为 100%,因此在播放时则为 100%→50%→100%。关于关键帧的使用方法,具体讲解如下。

图 4-20　视频素材不透明度 100%

图 4-21　视频素材不透明度 50%

1)激活并添加关键帧

想要使用关键帧,就必须要激活并添加关键帧,在"时间轴"中选中素材后,在"效果控件"面板中,单击某个效果前方的"切换动画"按钮🕐,该按钮变为蓝色🕐,即激活了该效果的关键帧,并在时间滑块所在位置添加一个关键帧,如图 4-22 所示。

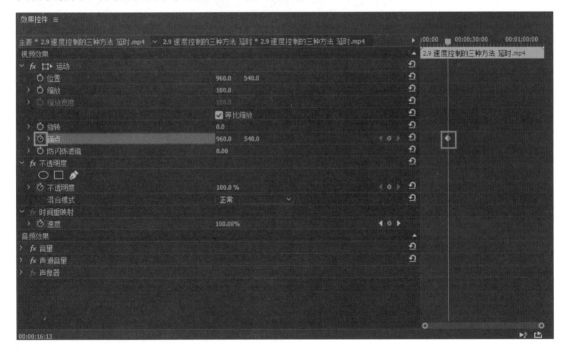

图 4-22　激活并添加关键帧

在效果后面有 3 个按钮,依次是"转到上一关键帧""添加关键帧""转到下一关键帧",如图 4-23 所示。当单击"转到上一关键帧"时,可以跳转至时间滑块所在位置的上一关键帧;单击"添加关键帧"时,可以在时间滑块所在位置添加一个关键帧;当单击"转到下一关键帧"时,可以跳转到时间滑块所在位置的下一帧。

除此之外,将轨道调高后,在"时间轴"面板中也可以激活并添加关键帧,在素材上单击 fx

图标,此时会弹出和"效果控件"面板中同样的效果名称,如图 4 - 24 所示。选中任一效果后,轨道上就会出现对应的关键帧。此时有两种添加关键帧的方法能在轨道上查看关键帧的变化:一是利用"钢笔工具";二是利用"轨道控制区"的"添加关键帧"按钮进行添加,具体介绍如下。

图 4 - 23　关键帧设置　　　　　　图 4 - 24　效果名称

(1)选择"钢笔工具",将鼠标指针放置在素材上方的线上,当光标变为 时,单击,即可在单击位置添加一个关键帧,如图 4 - 25 所示。

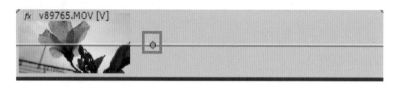

图 4 - 25　使用"钢笔工具"添加关键帧

(2)单击"轨道控制区"的"添加 - 移除关键帧"按钮,如图 4 - 26 所示。即可在时间滑块所在的位置添加关键帧。

值得注意的是,在"效果控件"面板中添加关键帧时,"时间轴"中并不能看到关键帧的效果;而在"时间轴"中添加关键帧,在"效果控件"面板中可以看到添加的关键帧,如图 4 - 27 所示。

"时间轴"中的关键帧　　　"效果控件"中的关键帧

图 4 - 26　"添加 - 移除关键帧"按钮　　　图 4 - 27　关键帧显示

2)删除关键帧

若想单独删除某个关键帧,只需要选中关键帧,右击,在弹出的图 4 - 28 所示的快捷菜单中选择"清除"命令即可(或按【Delete】键)。若想将某一效果中的所有关键帧全部删除,则再次单击效果前方的"切换动画"按钮 ,会弹出图 4 - 29 所示的提示框,单击"确定"按钮即可清除某个效果中的所有关键帧。

图 4 - 28　清除关键帧　　　　　　图 4 - 29　删除所有关键帧

3）移动关键帧

除了添加和清除关键帧，还可以对关键帧的位置进行调整：选中关键帧，按住鼠标左键拖动即可将关键帧移动至所需位置，如图 4 - 30 所示。

4）复制/粘贴关键帧

如果多个素材需要使用同一个关键帧的参数，那么可以利用复制/粘贴的方法，这样可以大大地提高我们的工作效率。选中要重复使用的关键帧，右击，弹出图 4 - 31 所示的快捷菜单，选择"复制"命令（或按【Ctrl + C】组合键）即可复制关键帧。移动时间滑块至所需位置，再次右击，在弹出的快捷菜单中选择"粘贴"选项（或按【Ctrl + V】组合键）即可粘贴关键帧。

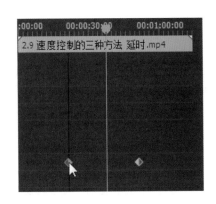

图 4 - 30　移动关键帧

图 4 - 31　复制/粘贴关键帧

3. 批量调整视频特效

在编辑素材时，若"时间轴"面板中的素材很多，为了避免误操作或者需要将一些素材作为一个整体进行移动、调整时，为素材编组与嵌套就会极大地提高我们的工作效率，下面对编组和嵌套进行讲解。

1）编组

编组是指将一些素材组合起来，从而对这些素材整体进行调整，在轨道中选中我们需要编组的素材后，执行"剪辑→编组"命令（或按【Ctrl + G】组合键），即可为这些素材编组。编组后的素材不能单独选择。值得一提的是，当选中素材后，右击，在弹出的快捷菜单中选择"编组"命令，也可为素材编组，如图 4 - 32 所示。

若想取消编组，则执行"剪辑→取消编组"命令（或按【Ctrl + Shift + G】组合键），或者在"时间轴"面板中右击，在弹出的快捷菜单中选择"取消编组"命令即可。

2）嵌套

嵌套是将一些素材拼合起来，形成一个新的序列，可以将它作为一个单独的素材，如果存在很多重复性的操作时，例如更改不透明度、缩放等，则将它们嵌套起来会方便很多。简单地说，嵌套就是一个"大麻袋"，可以将很多素材放到"大麻袋"里面，对这个"大麻袋"进行调整时，会同时调整里面的素材。

当选中需要拼合在一起的素材后,执行"剪辑→嵌套"命令,弹出"嵌套序列名称"对话框,如图 4－33 所示。在对话框中为嵌套设置名称后,单击"确定"按钮,被选中的素材就会变成一个单独的素材,如图 4－34 所示。此时,在"项目"面板中多了一个同名称的序列。当然,在轨道上选中素材后,右击,也可弹出"嵌套序列名称"对话框。

图 4－32　编组选项　　　　　　　4－33　"嵌套序列名称"对话框

图 4－34　嵌套前后

 多学一招:编组与嵌套的区别

编组后虽然变成了一个整体,但并不能作为单独的一个素材,不可以更改组的效果,如不透明度、缩放等,若想编辑效果,只能先取消编组;而嵌套后,这些素材就实实在在地成为了一个整体,可以对其效果进行编辑。

---

4. 利用标记精准添加关键帧

在 Premiere Pro 中,标记相当于定位,有助于快速找到某帧的位置,从而快速在某帧的位置添加关键帧。标记的具体使用方法如下。

1)添加标记

将素材拖至轨道上,拖动时间滑块至需要标记的位置,执行"标记→添加标记"命令(或按【M】键)即可添加标记,此时,"节目监视器"下方和"时间轴"面板中的时间标尺上就会出现绿色的标记,如图 4－35 所示。

图 4－35　时间标尺上的标记

此外，单击"时间轴"面板和"节目监视器"面板中的"添加标记"按钮，或者在时间标尺上右击，在弹出的快捷菜单中选择"添加标记"命令，如图 4 - 36 所示，也可以添加标记。

☕ **多学一招：为轨道上的素材添加标记**

选中素材时，添加标记就会添加到素材上，如图 4 - 37 所示。为素材添加标记之后，移动素材的位置时，标记会随着素材进行移动。

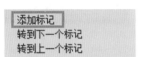

4 - 36　选择"添加标记"命令　　　　　　　图 4 - 37　标记显示在轨道上

2）跳转到标记

添加标记之后，可以快速跳转到某个标记的位置，具体操作方法如下。

（1）执行"标记→转到下一标记"命令（或按【Shift + M】组合键）即可跳转到下一个标记。

（2）执行"标记→转到上一标记"命令（或按【Ctrl + Shift + M】组合键）即可跳转到上一个标记。

当然，在对应的面板中右击，在弹出的快捷菜单中选择相应的选项即可，如图 4 - 38 所示。

3）删除标记

如果发现不需要的标记，可以对其进行删除，具体操作方法如下。

（1）执行"标记→清除所选标记"命令（或按【Ctrl + Alt + M】组合键）即可清除所选标记。

（2）执行"标记→清除所有标记"命令（或按【Ctrl + Alt + Shift + M】组合键）即可清除所有标记。

此外，在对应的面板中右击，在弹出的快捷菜单中选择相应的选项即可，如图 4 - 39 所示。

图 4 - 38　跳转到标记　　　　　　　图 4 - 39　删除标记

4）编辑标记

我们往往需要为标记添加名称、注释以及调整标记的颜色、性质等，在 Premiere Pro 中执行"标记→编辑标记"命令,或者在标记点中按【M】键即可弹出"标记"对话框,如图 4 - 40 所示。在对话框中对标记进行编辑即可,关于对话框中的常用参数解释如下。

图 4 - 40 "标记"对话框

• 名称:用于定义标记的名称,而名称可作为标记的一个简短的注释,可以帮助用户了解标记的作用。

• 时间:表示当前标记所停在的位置,如 00:00:01:21 说明在视频的 1 秒 21 帧处添加了这个标记。

• 持续时间:用于定义标记持续的时间,通常情况下会设置一个简短的时长,便于查看标记的名称。若不设置标记的持续时间,将鼠标移动至标记处也会显示标记的名称。当拖动标记的开头和结尾时,可放大/缩小标记的持续时间。

• 标记颜色:用于定义标记的颜色,当轨道中的素材较多时,经常会重叠标记,这时,将它们的颜色加以区分,能更容易地查看标记,如图 4 - 41 所示。

图 4 - 41 重叠标记

值得一提的是,当拖动标记开头和结尾时,可放大/缩小标记的持续时间。

脚下留心:

跳转到标记和删除标记不适用于已添加到素材中的标记,若想删除素材中的标记,需要双击轨道中的素材,在"源"面板中预览,在"源"面板中右击,并在弹出的快捷菜单中选择相应的命令即可。

实现步骤

1. 调整素材的持续时间

 打开 Premiere Pro 软件,新建项目,将项目命名为"【案例8】制作电商展示视频",单击"确定"按钮,新建项目。

 执行"文件→新建→序列"命令(或按【Ctrl + N】组合键),弹出"新建序列"对话框,在对话框里设置相关参数,如图 4 - 42 所示。

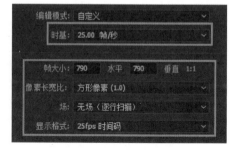

图 4 - 42 新建序列

单击"确定"按钮之后即可新建序列。

Step3 执行"编辑→首选项→常规"命令,打开"首选项"对话框,在对话框中设置"静止图像默认持续时间"为 1 秒,如图 4 – 43 所示。

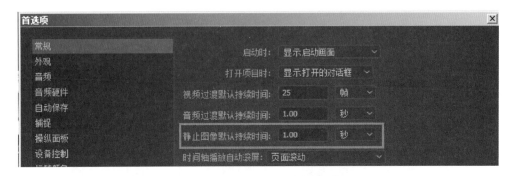

图 4 – 43　设置"静止图像默认持续时间"

Step4 执行"文件→导入"命令(或按【Ctrl + I】组合键),导入图 4 – 44 所示的 6 个图像素材至"项目"面板中。

耳机比例.jpg　　　耳机讲解.jpg　　　耳机展示1.jpg　　耳机展示2.jpg　　内部组成.jpg　　外部组成.jpg

图 4 – 44　图像素材展示

Step5 将"耳机比例"添加至 V1 轨道中,再将时间滑块定位在 1 秒处,并将轨道定位在 V2 轨道上,如图 4 – 45 所示。

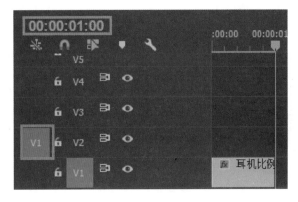

图 4 – 45　将时间定位在 1 秒,并定位 V2 轨道

Step6 双击"项目"面板中的"耳机展示 1"图像素材,单击"源"面板中的"覆盖"按

钮 ,将素材添加至 V2 轨道上,如图 4-46 所示。

图 4-46　添加素材到 V2 轨道

Step7 将时间滑块定位在 2 秒处,并将轨道定位在 V3 轨道上,双击"项目"面板中的"耳机展示 2"图像素材,单击"源"面板中的"覆盖"按钮 ,将素材添加至 V3 轨道上,如图 4-47 所示。

图 4-47　添加素材到 V3 轨道上

Step8 按照 Step6 和 Step7 的方法,依次将"耳机讲解""外部组成""内部组成"图像素材分别添加至 V4~V6 轨道中 3 秒、4 秒、5 秒的位置,如图 4-48 所示。

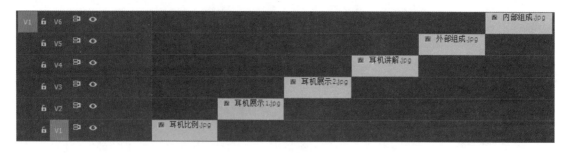

图 4-48　添加图像素材至轨道

Step9 分别调整"耳机比例""耳机展示 1""耳机展示 2""耳机讲解""外部组成""内部组成"图像素材的持续时间,使其尾部对齐,如图 4-49 所示。

图 4-49　设置各个素材的持续时间

2. 调整素材的运动效果

Step1 将时间滑块放置在最开始的位置,在"时间轴"中选中"耳机比例"图像素材,在

"效果控件"面板中单击"缩放"前方的"切换动画"按钮🔲,激活并添加关键帧,如图 4 – 50 所示。

图 4 – 50 激活缩放关键帧

Step2 将时间滑块定位在 10 帧的位置,单击"缩放"后面的"添加关键帧"按钮🔷, 添加关键帧,并设置缩放比例为 30%,如图 4 – 51 所示,效果如图 4 – 52 所示。

图 4 – 51 设置缩放比例

缩放前

缩放后

图 4 – 52 缩放素材效果

Step3 再次将时间滑块放置在 0 秒的位置,在"效果控件"面板中单击"位置"前方 的"切换动画"按钮🔲,激活并添加第一个关键帧,如图 4 – 53 所示。

图 4 – 53 激活位置关键帧

Step4 将时间滑块定位在 23 帧处,单击"位置"后面的"添加关键帧"按钮🔷,添加 第二个关键帧,并在"节目监视器"面板中移动素材的位置,如图 4 – 54 所示。此时第一个素 材的运动效果设置完成。

Step5 将时间滑块定位在 1 秒处,并选中"耳机展示 1"图像素材,单击"缩放"前方的"切换动画"按钮,激活并添加第一个关键帧,在 1 秒 10 帧的位置添加第二个关键帧,将缩放比例设置成 30%,如图 4 - 55 所示。

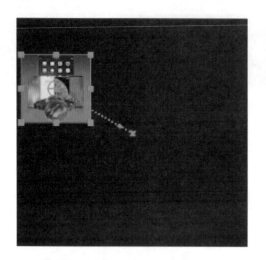

图 4 - 54　调整"耳机比例"素材位置　　　　图 4 - 55　缩放"耳机展示 1"

Step6 将时间滑块定位在 1 秒处,激活并添加"位置"效果的第一个关键帧,再将时间滑块定位在 1 秒 23 帧处,添加第二个关键帧,调整"耳机展示 1"的位置,如图 4 - 56 所示。

Step7 按照 Step5 和 Step6 的方法,依次添加"耳机展示 2""耳机讲解""外部组成""内部组成"4 个图像素材的"缩放""位置"的关键帧,并均调整缩放比例为 30%,位置如图 4 - 57 所示。

图 4 - 56　调整"耳机展示 1"的位置　　　　图 4 - 57　调整素材的移动位置

3. 嵌套序列

Step1 将时间滑块定位在 6 秒处,依次将"耳机比例""耳机展示 1""耳机展示 2""耳机讲解""外部组成""内部组成"添加至 V7 轨道中,如图 4 - 58 所示。

图 4 - 58 添加素材至 V7 轨道上

Step2 选中 V7 轨道上的所有素材,右击,在弹出的快捷菜单中选择"嵌套"选项,如图 4 - 59 所示。此时会弹出"嵌套序列名称"对话框,如图 4 - 60 所示,在对话框中设置名称为"批量放大展示"。单击"确定"按钮。

图 4 - 59 选择"嵌套"选项 　　　图 4 - 60 "嵌套序列名称"对话框

Step3 选中"嵌套序列",在"效果控件"面板中单击"缩放"效果前方的"切换动画"按钮 ⭘,激活并添加第一个关键帧

Step4 在"嵌套序列"素材上添加关键帧,设置其缩放比例为 112,将关键帧移动至尾部编辑点处,如图 4 - 61 所示。

图 4 - 61 调整缩放比例

Step5 按【Ctrl + I】组合键,导入"颜色展示 . png"素材,如图 4 - 62 所示。将时间滑块定位在 12 秒处,将"颜色展示"添加至 V8 轨道中,如图 4 - 63 所示。

图 4 - 62 颜色展示

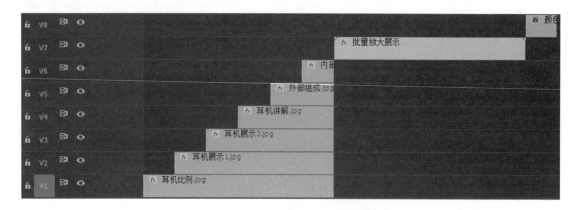

图 4-63　添加素材至 V8 轨道

Step6　按【Ctrl + I】组合键,导入"M09. mp3"音频素材。并将其添加至 A1 轨道上。如图 4-64 所示。

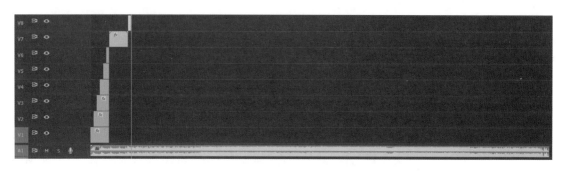

图 4-64　将音频素材添加至 A1 轨道上

Step7　在"时间轴"面板中选中音频素材,将时间滑块定位在 13 秒处,按【Ctrl + K】组合键添加编辑点,并选中后面的音频片段,按【Delete】键删除,如图 4-65 所示。

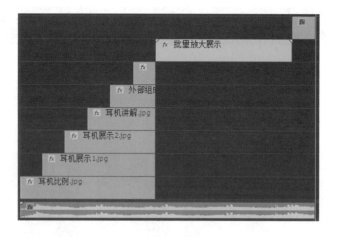

图 4-65　删除后半段音频素材

Step8　按【Ctrl + S】组合键,并将项目中所用的素材打包。

4.2　【案例9】水中倒影

一般情况下,倒影是一种与物体等大的虚像。本案例将制作一个水中倒影的效果,通过本案例的学习,读者能够掌握如何设置视频特效,如添加、清除、调整等操作,以及扭曲、模糊与锐化、变换等特效的应用。

 效果展示

通过一个图像和一个水波的素材制作成一个水中倒影的效果。

扫一扫二维码查看案例具体效果。

案例9

 案例分析

本案例只有 1 个图像素材和 1 个视频素材,在制作的时候可以将其分成 2 个部分来制作。

1. 设置镜像效果

首先,将图像素材添加到轨道上,调整图像的持续时间,使其与视频素材时间相同;其次,使用特效将其镜像;最后,由于倒影属于虚化的,因此需要将倒影进行模糊处理。

2. 调整水波

调整好图像素材后,需要添加视频素材至图像素材上方的轨道上,使用特效将其多余的部分裁切掉,再设置水波的不透明度及水面光照效果。

 必备知识

1. 视频特效的基本设置

视频特效能帮助我们做出更炫酷的画面效果,在"视频特效"中包含了 18 种特效,如 Obsolete、变换、图像控制、实用程序等,如图 4-66 所示。在了解这些特效之前,需要先了解如何使用这些特效,如添加、清除、复制等。

图 4-66　视频特效

1)添加

在"效果"面板中单击"视频特效"文件夹,选中某个视频特效,将其拖动至轨道中的素材上,当鼠标指针变成 时,如图 4-67 所示。松开鼠标,即可将该视频特效应用在素材上。除此之外,在"时间轴"中选中素材后,也可直接拖动特效至"效果控件"面板中。值得一提的是,一段素材可以添加多个特效。

2)清除

当某段素材不再需要特效,可以将其清除,在"效果控件"面板中选择要删除的视频特效,右击,在弹出的快捷菜单中选择"清除",命令(或按【Delete】键),如图 4-68 所示。

图 4 - 67　图标展示

图 4 - 68　"效果控件"中弹出的快捷菜单

3）隐藏/显示

若想查看素材应用某特效前后的对比图，而不删除特效的情况下，可对某一特效隐藏，该功能不会改变特效中的任意参数。单击效果名称前方的"切换效果开关"按钮 *fx*，当图标变成 *fx* 时，该特效被隐藏，再次单击会显示特效在素材中的效果。

4）复制

若多个素材需要使用同一个特效，那么复制/粘贴一个设置好的特效可以极大地提高视频剪辑的速度，具体解释如下。

在"效果控件"面板中选中要重复使用的视频特效，右击，在弹出的快捷菜单中选择"复制"命令（或按【Ctrl + C】组合键）即可复制视频特效。在"时间轴"面板中选中某个素材，在"效果控件"面板中的空白位置右击，在弹出的快捷菜单中选择"粘贴"命令（或按【Ctrl + V】组合键）即可将视频特效粘贴到选中的素材上。

除了上面的方法，还可以直接在"时间轴"中的素材上右击，在弹出的快捷菜单中选择"复制"命令，如图 4 - 69 所示，即可复制素材的视频特效。选中其他素材，右击，在弹出的快捷菜单中选择"粘贴属性"命令，弹出"粘贴属性"对话框，如图 4 - 70 所示。在对话框中勾选需要粘贴的属性，单击"确定"按钮即可。

图 4 - 69　"时间轴"中弹出的快捷菜单

图 4 - 70　"粘贴属性"对话框

5）调整视频特效

当特效被添加到轨道上，选中素材，在"效果控件"面板中即可看到选中特效的相关参数。每个特效都有其各自的参数，通过对参数的设置，可以得到不一样的效果。图 4 - 71 所示即为"球面化"特效的参数。在"效果控件"面板中可对其参数进行准确设置。

图 4 - 71　"球面化"特效参数

在实际操作中，通常会在"节目监视器"中移动特效区域或位置，在"效果控件"面板中单击特效名称，即可在"节目监视器"中素材的中心处看到 图标，将鼠标放置在该图标上，即可移动特效区域或位置，移动图标前后效果如图 4 - 72 所示。

移动前　　　　　　　　　　　　　　　　　　移动后

图 4 - 72　移动图标前后效果

2. 蒙版

若要调整素材某一处的特效时，可以用到蒙版。在 Premiere Pro 中，蒙版中的区域可以被编辑，而蒙版外的区域则是不可编辑的。几乎每个视频特效下面都有 3 个工具按钮，这 3 个工具分别是用于绘制椭圆形、矩形和自由图形的蒙版。选择其中一个工具后，下面就会弹出蒙版选项，如图 4 - 73 所示。在"效果控件"面板中可以对蒙版进行调整。值得一提的是，可以为一个素材添加多个蒙版。下面对蒙版的基本操作进行具体讲解。

创建椭圆形蒙版

蒙版选项

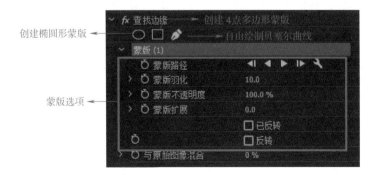

图 4 - 73　蒙版选项

1）添加蒙版

当单击"创建椭圆形蒙版"或"创建4点多边形蒙版"工具按钮时，"节目监视器"面板中的素材中心处会出现默认大小的椭圆形或矩形蒙版，如图4-74所示。

创建椭圆形蒙版　　　　　　　　　　　　　创建矩形蒙版　　　　　□ 锚点
　　　　　　　　　　　　　　　　　　　　　　　　　　　　　　　　～～～ 路径

图4-74　创建椭圆形或矩形蒙版

当单击"自由绘制贝塞尔曲线"工具按钮时，"节目监视器"面板中不会出现任何图形，将鼠标指针移动至"节目监视器"时，会变成钢笔形状，单击可确定第一个锚点。具体使用方法如下。

- 绘制直线路径：在第一个锚点附近再次单击，两个锚点之间即会形成一条直线路径，如图4-75所示。
- 绘制曲线路径：在第一个锚点附近单击并拖动鼠标指针创建一个平滑点，两个锚点之间会形成一条曲线路径，如图4-76所示。

绘制完曲线之后，会出现一个手柄，将鼠标指针放置在手柄两侧的点上时，会变成，此时按住鼠标左键移动，即可调整曲线的弧度，如图4-77所示。

图4-75　绘制直线路径　　　　图4-76　绘制曲线路径　　　　图4-77　调整曲线路径

将鼠标放置在锚点上，按住【Alt】键不放，当鼠标指针变成时，单击，可以将平滑点可转换为角点；相对应地，按住【Alt】键不放，当鼠标指针变成时，单击并拖动，可将角点转换为平滑点，如图4-78所示。

平滑点　　　　　　　　　　　角点
转换为角点　　　　　　　　　转换为平滑点

图4-78　锚点转换

2）调整蒙版形状

- 移动锚点：将鼠标放置在锚点上，当鼠标指针变成时，按住鼠标拖动即可移动锚点的位置。
- 添加锚点：将鼠标放置在路径上，当鼠标指针变成时，左击可添加锚点。

● 移动蒙版：将鼠标放置在蒙版中，当鼠标指针变成 🖐 时，按住鼠标拖动可移动蒙版的位置。

3）删除蒙版

若需要删除蒙版，在"效果控件"面板中，选中要删除的蒙版，右击，在弹出的快捷菜单中选择"清除"命令即可（或直接按【Delete】键），如图 4-79 所示。

图 4-79　选择"清除"命令

3. 扭曲特效

在"扭曲"视频特效中，包含 12 种视频特效，如"位移""变形稳定器""变换"等，如图 4-80 所示。在"扭曲"文件夹中的特效主要用于对图像的运动效果进行综合设置以及几何变形。其中，"变形稳定器"和"果冻效应修复"特效主要用于调整由于手持相机拍摄导致的画面抖动和画面扭曲；其余特效均用于设置素材画面的扭曲，通过调整参数可以设置不同的扭曲程度，如图 4-81 所示为原素材，图 4-82 和 4-83 所示为"放大"和"镜像"的参数设置及效果图。

图 4-80　"扭曲"特效文件夹

图 4-81　原素材

图 4-82　"放大"特效

图 4-83　"镜像"特效

4. 模糊与锐化效果

在"模糊与锐化"视频特效中,包含7种视频特效,分别是"复合模糊""方向模糊""相机模糊""通道模糊""钝化蒙版""锐化""高斯模糊",如图4－84所示。其中"复合模糊""方向模糊""相机模糊""通道模糊""高斯模糊"特效可以使画面变得模糊、朦胧;而"钝化蒙版"和"锐化"特效则可以使素材画面的对比度更加清晰。如图4－85所示为原素材,如图4－86和4－87所示即为方向模糊(方向:70.0度、模糊长度:20.0)和钝化蒙版(数值:75.0、半径:45.0)效果截图。

图4－84　"模糊与锐化"特效　　　　图4－85　原素材

图4－86　"方向模糊"特效

图4－87　"钝化蒙版"特效

5. 变换特效

在"变换"文件夹中的特效可以对视频进行翻转、裁剪等操作。共包含4种视频特效,分别是"垂直翻转""水平翻转""羽化边缘""裁剪",如图4－88所示。其中,"垂直翻转"可以将画面沿着水平方向翻转 180°；"水平翻转"则是沿垂直方向翻转 180°；"羽化边缘"是将画面四周产生羽化或虚化的效果；"裁剪"特效可以将画面进行切割，从而能修改素材的尺寸。例如将图 4 - 89 所示的素材添加到轨道上，添加裁剪特效，依次设置其顶部和底部数值为20%，即可得到相应的效果图，如图 4 - 90 所示。

图 4 - 88　"变换"特效文件夹　　　　　　　图 4 - 89　原素材

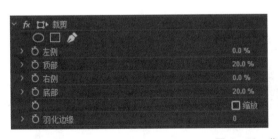

图 4 - 90　"裁剪"特效

实现步骤

1. 设置镜像效果

Step1　打开 Premiere Pro 软件，新建项目，将项目命名为"【案例 9】水中倒影"，单击"确定"按钮，新建项目。

Step2　执行"文件→新建→序列"命令（或按【Ctrl + N】组合键），弹出"新建序列"对话框，在对话框里设置相关参数，如图 4 - 91 所示。单击"确定"按钮之后即可新建序列。

图 4 - 91　新建序列

Step3 执行"文件→导入"命令（或按【Ctrl + I】组合键），导入图 4 - 92 所示的"大山 . jpg"图像素材和"洱海 . mp4"视频素材至"项目"面板中。

大山.jpg

洱海.mp4

图 4 - 92　图像素材和视频素材

Step4 将图像素材添加至 V1 轨道上，并更改图像的持续时间为 11 秒 2 帧。

Step5 在"效果"面板中打开"扭曲"效果文件夹，在文件夹中选择"镜像"特效，将其拖动至图像素材上。

Step6 在"效果控件"面板中设置镜像参数，如图 4 - 93 所示，效果如图 4 - 94 所示。

图 4 - 93　设置镜像参数

图 4 - 94　效果图

Step7 在"效果"面板中打开"模糊与锐化"效果文件夹，在文件夹中选择"相机模糊"特效，将其拖动至图像素材上。

Step8 在"效果控件"面板中设置模糊参数，如图 4 - 95 所示。效果如图 4 - 96 所示。

图 4 - 95　模糊参数

图 4 - 96　模糊效果图

Step9 使用"创建 4 点多边形蒙版"工具▣,绘制一个如图 4 - 97 所示的蒙版。

图 4 - 97　绘制蒙版

2. 调整水波

Step1 将视频素材添加至 V2 轨道上,在"效果"面板中搜索"裁剪"特效,如图 4 - 98 所示,将其拖动至视频素材上。

Step2 在"效果控件"面板中设置裁剪参数,如图 4 - 99 所示,效果如图 4 - 100 所示。

图 4 - 98　搜索特效

图 4 - 99　裁剪参数

裁剪前

裁剪后

图 4 - 100　裁剪效果图

Step3 将视频素材的不透明度设置为 60%,"混合模式"为变暗,如图 4 - 101 所示, 效果如图 4 - 102 所示。

| ＞ Ｏ 不透明度 | 60.0 % |
| 混合模式 | 变暗 |

图 4－101　设置视频素材的不透明度

图 4－102　效果图

Step4 在"效果"面板中搜索"光照效果"特效,将其拖动至图像素材上。

Step5 在"效果控件"面板中设置光照参数,如图 4－103 所示,效果如图 4－104 所示。

图 4－103　设置光照参数

图 4－104　光照效果

Step6 按【Ctrl＋S】组合键,并将项目中所用的素材打包。

4.3 【案例 10】制作手写字效果

在 Premiere Pro 中,利用视频特效还可以制作出字幕效果,如机打字效果、手写字效果等。本案例将制作一个手写字的效果,通过本案例的学习,读者能够掌握生成、杂色与颗粒、时间等特效的应用。

案例10

效果展示

本案例最终效果为老式电视机中的手写字效果。

扫一扫二维码查看案例具体效果。

案例分析

本案例相对来说较为烦琐,而且考验耐心。在制作本案例的时候可以将其分为两部分来进行:第 1 部分是制作手写字背景,第 2 部分是书写文字,具体介绍如下。

1. 制作手写字背景

制作手写字背景时,首先将抖动的视频素材利用特效将其调整得相对稳定;其次添加杂色以增强老式的电视机效果;最后添加 Vlog 效果,增强电影感。

2. 书写文字

在制作这部分时需要有耐心并且仔细。书写文字时有几个小技巧:

(1)在"节目监视器"中移动画笔位置比在"效果控件"中设置参数更为省力。

(2)在移动画笔位置时,需要按住画笔锚点的边缘,以防不小心移动了手柄。

(3)若移动错误,按【Ctrl + Z】组合键撤销即可。

(4)为了书写平稳,每 2 帧移动一次画笔位置,字母之间切换时,1 帧即可。

书写文字后,要应用关键帧,使文字消失。

必备知识

1. 生成

在"生成"视频特效中,包含 12 种视频特效,如"书写""单元格图案""吸管填充"等,如图 4 – 105 所示。在"生成"文件夹中的特效可以在素材中生成炫彩的光效或图案等。如图 4 – 106 所示为原素材,具体介绍如下。

图 4 – 105　"生成"特效文件夹　　　　　　　　图 4 – 106　原素材

1)书写

该效果可以在素材上产生手写字的效果。在参数面板中可以设置画笔位置、画笔大小、画笔硬度、画笔颜色、描边长度、画笔间隔等,如图 4 – 107 所示。在实际操作中,画笔位置是最主要的,并需要配合关键帧,通常情况下,每两帧添加一个关键帧,在关键帧处移动画笔的位置。

在书写之前有几个小技巧,具体介绍如下。

(1)描边长度要有一个数值(任意数值即可),不能为 0,否则在书写时会很卡。

图 4 – 107　"书写"参数

（2）画笔间隔通常要设置为最小值，即 0.001，否则会导致绘制出来的图案不连贯，如图 4 – 108 所示。

画笔间隔为0.010　　　　　　　　　　画笔间隔为0.001

图 4 – 108　画笔间隔大与小的对比图

（3）移动完画笔位置之后，将绘制样式设置成"显示原始图像"会显示原来的素材内容，而不是在素材之上绘制从而遮盖素材，如图 4 – 109 所示。

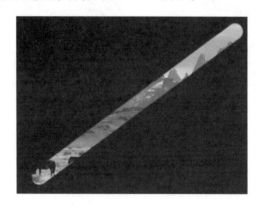

图 4 – 109　设置绘制样式

2）单元格图案

该效果可以在素材上产生类似于蜂巢的图案，一般情况下用于制作有趣的背景效果。

单元格图案的参数及其效果如图 4 – 110 所示。

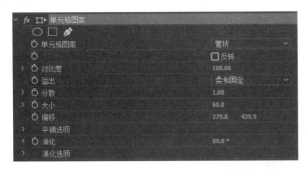

图 4 – 110 "单元格图案"效果

3）吸管填充

该效果主要是吸取素材中采样点处的色值，将色值覆盖在整个图像上。在实际操作中，通常会将采样点处的颜色利用混合模式应用到另一个素材画面上。吸管填充的参数及其效果如图 4 – 111 所示。

图 4 – 111 "吸管填充"效果

4）四色渐变和渐变

"四色渐变"可以在素材上创建一个四色渐变，通常通过设置混合模式来创建五彩斑斓的混合效果，"四色渐变"参数及其效果如图 4 – 112 所示。

图 4 – 112 "四色渐变"效果

"渐变"可以在素材中创建彩色渐变，并通过调整"与原始图像混合"的数值，与素材不同程度地混合在一起。"渐变"参数及其效果如图 4 – 113 所示。

图 4 – 113 "渐变"效果

5）"圆形"和"椭圆"

"圆形"效果可以任意创建一个实心圆，在"效果控件"面板中设置"边缘"及"边缘半径"可以将其调整为圆环，通过调整该效果的混合模式，与素材形成混合效果，"圆形"的参数及效果如图 4 – 114 所示。

图 4 – 114 "圆形"效果

而"椭圆"效果可以直接创建圆环，并通过设置高度、宽度、厚度等参数将其设置成椭圆，"椭圆"的参数及效果如图 4 – 115 所示。

图 4 – 115 "椭圆"效果

6）棋盘和网格

该效果可以生成类似于国际象棋的方形图案，通过调整该效果的混合模式，与素材形成混合效果,"棋盘"的参数及效果如图 4 - 116 所示。

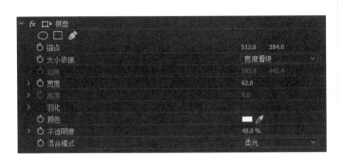

图 4 - 116　"棋盘"效果

　　"网格"和"棋盘"类似,最大的区别是显示的样式不同,"网格"的参数及效果如图 4 - 117 所示。

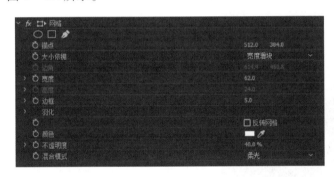

图 4 - 117　"网格"效果

　　7)油漆桶

　　该效果可以将一种纯色填充到素材的某个区域并通过设置效果的混合模式与素材混合,"油漆桶"的参数及效果如图 4 - 118 所示。

图 4 - 118　"油漆桶"效果

　　8)镜头光晕

　　该效果可以在素材上添加镜头光斑的效果,从而实现镜头感,"镜头光晕"的参数及效果如图 4 - 119 所示。

图 4 – 119　"镜头光晕"效果

9）闪电

该效果可以生成类似于闪电或火花的光电效果，"闪电"的参数及效果如图 4 – 120 所示。

图 4 – 120　"闪电"效果

2. 杂色与颗粒

在"杂色与颗粒"视频特效中，包含 6 种视频特效，如"中间值""杂色""杂色 Alpha"等，如图 4 – 121 所示。在"杂色与颗粒"文件夹中的特效主要用于在素材上添加或清除细小的杂点。其中"中间值"特效用于清除杂点，进而可以实现水彩画效果，如图 4 – 122 所示为原素材，如图 4 – 123 所示即为"中间值"的参数设置及其效果；其余 5 个效果均用于添加杂色，如图 4 – 124 所示即为使用"杂色"特效后的效果图。

图 4 – 121　"杂色与颗粒"特效文件夹　　　　　　图 4 – 122　原素材

图 4 – 123　"中间值"效果

图 4 – 124　"杂色"效果

3. 时间

在"时间"视频特效中,包含 2 种视频特效,分别是"抽帧时间"和"残影"。在"时间"文件夹中的特效用于对素材的时间特性进行控制,与素材的每个帧有紧密联系,从而产生不同的效果。其中,"抽帧时间"可以在素材总长度不变的情况下,在"效果控件"面板中为素材设定一个固定的帧速率进行播放,会产生跳帧播放的效果;"残影"是将素材中不同时间的多个帧进行同时播放,能够实现视频素材的重影效果,如图 4 – 125 所示。

 实现步骤

1. 制作手写字背景

Step1 打开 Premiere Pro 软件,新建项目,将项目命名为"【案例 10】制作手写字效果",单击"确定"按钮,新建项目。

Step2 执行"文件→新建→序列"命令(或按【Ctrl + N】组合键),弹出"新建序列"对话框,在对话框里设置相关参数,如图 4 – 126 所示。单击"确定"按钮之后即可新建序列。

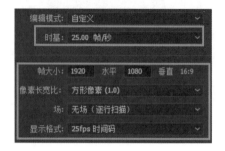

图 4 – 125 　"残影"效果　　　　　　　　　　图 4 – 126 　新建序列

Step3 执行"文件→导入"命令(或按【Ctrl + I】组合键),导入图 4 – 127 所示的"老式电影.png"图像素材和"水上摩托.mp4"视频素材至"项目"面板中。

老式电影.png　　　　　　　水上摩托.mp4

图 4 – 127 　图像素材和视频素材

Step4 依次将视频素材和图像素材添加至 V1 和 V2 轨道上,并更改图像的持续时间为 15 秒 4 帧,如图 4 – 128 所示。

图 4 – 128 　添加素材至轨道上

Step5 在"效果"面板中打开"扭曲"效果文件夹,在文件夹中选择"变形稳定器"效果,将其拖动至图像素材上,等待后台分析,如图 4 – 129 所示。

Step6 待后台分析完毕,在"效果"面板中打开"杂色与颗粒"文件夹,在文件夹中选择"杂色 HLS"效果,将其添加至视频素材上,并设置参数,如图 4 – 130 所示。添加杂色效果对比如图 4 – 131 和 4 – 132 所示。

Step7 在"效果"面板中找到"裁剪"效果,将其添加至视频素材中。

Step8 将时间滑块定位在 0 秒处。在"效果"面板中找到"裁剪"参数,依次单击"顶部"和"底部"前方的"切换动画"按钮,激活并添加关键帧。

图 4 – 129　等待后台分析

图 4 – 130　设置镜像参数

图 4 – 131　使用"杂色 HLS"特效前

图 4 – 132　使用"杂色 HLS"特效后

Step9 分别将"顶部"和"底部"的数值设置成 50%,并设置"羽化边缘为 80",如图 4 – 133 所示。

Step10 将时间滑块定位在 2 秒 10 帧处,在此处为"顶部"和"底部"处添加关键帧,并将数值重置为 0。

2. 书写文字

Step1 按【Ctrl + I】组合键导入图像素材"motorbikes. png",将其添加至 V3 轨道上 6 帧的位置,将其持续时间设置为 12 秒 23 帧,画面效果如图 4 – 134 所示。

图 4 – 133　设置裁剪参数

图 4 – 134　添加素材至 V3 轨道上

Step2 在"效果"面板中找到"书写"效果,将其添加至图像素材"motorbikes"上。

Step3 在"效果控件"面板中设置相关参数,如图 4 - 135 所示。此时"节目监视器"面板中的效果如图 4 - 136 所示。

图 4 - 135   设置参数　　　　　　　　　　　图 4 - 136   "节目监视器"面板中的效果

Step4 将"节目监视器"的缩放级别调整为 75%。在"效果控件"面板中单击"书写"名称,在"节目监视器"面板中移动画笔锚点至图 4 - 137 所示的位置。

Step5 单击"效果控件"面板中"书写"参数中"画笔位置"前方的"切换动画"按钮 激活关键帧。

Step6 连续按两次【→】键,向后跳 2 帧,也就是 6 帧的位置,在"节目监视器"面板中小幅度移动画笔锚点的边缘,如图 4 - 138 所示。

图 4 - 137   移动画笔锚点　　　　　　　　　　图 4 - 138   移动画笔

Step7 重复 Step6 的步骤,将 M 书写完成,如图 4 - 139 所示。

Step8 向后跳 1 帧,在"节目监视器"面板中大幅度移动画笔锚点的边缘,使画笔过渡至字幕 O 的上方,如图 4 - 140 所示。

图 4 - 139   书写 M　　　　　　　　　　　　图 4 - 140   过渡画笔

Step9　再连续按两次【→】键,向后跳 2 帧,在"节目监视器"面板中小幅度移动画笔锚点的边缘,书写字母 O,如图 4 – 141 所示。

Step10　重复 Step6 ~ Step8 的方法书写剩余字母,如图 4 – 142 所示。

图 4 – 141　书写字幕 O　　　　　　　　　图 4 – 142　书写剩余字母

Step11　在"效果控件"面板中设置"绘制样式"为"显示原始图像"。

Step12　选中文字的"不透明度"参数,在 6 秒的位置添加关键帧,将不透明度设置为100%。在 7 秒的位置添加关键帧,并设置不透明度为 0%。

Step13　按【Ctrl + S】组合键,并将项目中所用的素材打包。

4.4 【案例 11】制作彩色浮雕效果

在生活中经常能看到浮雕,浮雕是雕刻的一种,是雕塑与绘画结合的产物。本案例将制作一个彩色浮雕的效果,通过本案例的学习,读者能够掌握 Obsolete、过渡、透视等特效的应用。

效果展示

本案例将一张普通的图像制作成带边框的彩色浮雕效果。

扫一扫二维码查看案例具体效果。

案例11

案例分析

制作本案例时,需要一个图像素材及一个颜色遮罩素材,设置完序列后,需要将图像素材添加至 V2 轨道上,而 V1 轨道用于放置颜色遮罩素材作为相框。在制作时首先使用特效将图像素材设置成浮雕效果;其次新建颜色遮罩,将颜色设置为棕色,作为木质相框的基底,为相框基底添加一系列特效,使相框效果更加逼真;最后再调整图像素材的效果,使整体效果融合在一起。

必备知识

1. 颜色遮罩

颜色遮罩可以创建不同颜色的单色素材,执行"文件→新建→颜色遮罩"命令,弹出"新

建颜色遮罩"对话框,如图 4 – 143 所示。在对话框中设置视频宽度、时基等参数后,单击
"确定"按钮,弹出"拾色器"对话框,如图 4 – 144 所示。在对话框中选择一个颜色,单
击"确定"按钮,确定颜色,会继续弹出"选择名称"对话框,如图 4 – 145 所示。在对话
框中设置名称后单击"确定"按钮,软件会自动将这段颜色遮罩素材添加到"项目"面
板中。

图 4 – 143　"新建颜色遮罩"对话框

图 4 – 144　"拾色器"对话框

在"项目"面板以及"时间轴"面板中双击这段素材,可以随
时打开"拾色器"对话框,对颜色进行更改。

　　注意:颜色遮罩参数一般与序列相匹配,若无特殊情况,不
做修改。

图 4 – 145　"选择名称"对话框

2. Obsolete

在"Obsolete"视频特效中,包含 4 种视频特效,分别是"快速
模糊""自动对比度""自动颜色""阴影/高光",如图 4 – 146 所示。使用"Obsolete"文件夹中
的特效可以对素材进行快速全局调整。如图 4 – 147 所示为原素材,具体介绍如下。

图 4 – 146　"Obsolete"特效文件夹

图 4 – 147　原素材

其中,"快速模糊"效果可以对素材整体进行模糊,类似于"高斯模糊",但是"快速模糊"
在模糊图像时,比"高斯模糊"处理快。如图 4 – 148 所示即为"快速模糊"的参数设置及其对
应的效果。

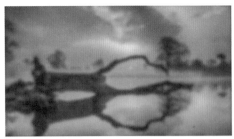

图 4 - 148 "快速模糊"效果

　　"自动对比度"效果用于调整总体对比度,如图 4 - 149 所示即为"自动对比度"的参数设置及其对应的效果。

图 4 - 149 "自动对比度"效果

　　"自动颜色"效果是通过对中间调进行中和并剪切黑白像素,来自动调整对比度和颜色。如图 4 - 150 所示即为"自动颜色"的设置及其对应的效果。

图 4 - 150 "自动颜色"效果

　　"阴影/高光"特效既用于增亮图像中的主体,也可以调整图像的总体对比度。默认设置用于修复有逆光问题的图像。"阴影/高光"的参数设置及其效果如图 4 - 151 所示。

图 4 - 151 "阴影/高光"效果

3. 过渡

在"过渡"视频特效中,包含 5 种视频特效,分别是"块溶解""径向擦除""渐变擦除""百叶窗""线性擦除",如图 4 - 152 所示。在"过渡"文件夹中的特效通常通过设置关键帧来实现两个素材之间的转场,也可用于制作一些元素。"过滤"与第 3 章讲解的"转场"的区别在于添加的位置及效果不一样,前者是将效果添加至素材中,而后者是添加在两个素材中间或两端。例如,图 4 - 153 所示为原素材,图 4 - 154 所示为"块溶解"特效的参数设置及对应效果图。

图 4 - 152　"过渡"特效文件夹　　　　　　图 4 - 153　原素材

图 4 - 154　"块溶解"效果

4. 透视

在"透视"视频特效中,包含 5 种视频特效,分别是"基本 3D""投影""放射阴影""斜角边""斜面 Alpha",如图 4 - 155 所示。在"透视"文件夹中的特效可以使素材有空间或立体的效果。如图 4 - 156 所示为原素材,具体介绍如下。

4 - 155　"透视"特效文件夹　　　　　　图 4 - 156　原素材

1）基本 3D

可以在虚拟的三维空间内垂直或水平旋转素材,在"效果控件"中勾选"显示镜面高光"可以创建镜面高光来表现由旋转表面反射的光感,如图 4 – 157 所示即为"基本 3D"的参数设置及效果图。

图 4 – 157 "基本 3D"特效

2）"投影"与"放射投影"

这两个特效均可为素材添加阴影,多用于含有 Alpha 通道的素材,素材的阴影形状也取决于素材的形状。这两个特效的区别是,"投影"特效的光源是自然光,而"放射投影"的光源是点光源。例如,在原素材上方分别叠加一个"跳舞.png"素材,如图 4 – 158 所示。为"跳舞.png"素材分别添加"投影"和"放射投影"特效后,在"效果控件"面板中调整参数,即可看到投影效果,参数设置及效果图如图 4 – 159 和图 4 – 160 所示。

图 4 – 158 "跳舞"素材

图 4 – 159 "投影"特效

图 4 – 160　"放射投影"特效

3）"斜角边"和"斜面 Alpha"

斜角边可以为图像边缘提供凿刻和光亮的 3D 外观。在此效果中创建的边缘始终为矩形，因此非矩形图像无法形成适当的外观。如在原素材上方添加图 4 – 161 所示的透明背景的"消毒水 . png"素材，为两个素材添加同一个参数的特效，则得到的效果不同，参数设置及效果图如图 4 – 162 所示。

图 4 – 161　消毒水

图 4 – 162　"斜角边"效果

"斜面 Alpha"特效通常可为 2D 素材呈现出 3D 外观。将两个素材分别添加该特效，在"效果控件"面板中设置相关参数，参数设置及效果图如图 4 – 163 所示。

5. 风格化

在"风格化"视频特效中，包含 13 种视频特效，如"Alpha""复制""彩色浮雕""抽帧""查找边缘"等，如图 4 – 164 所示。在"风格化"文件夹中的特效可以模拟一些美术风格的画面的效果。例如，将图 4 – 165 所示的素材添加到轨道上后，为其添加"查找边缘"特效，在"效果控件"面板中设置相关参数，参数及其对应效果如图 4 – 166 所示。

图 4 - 163 "斜面 Alpha"效果

图 4 - 164 "风格化"特效文件夹

图 4 - 165 原素材

图 4 - 166 "查找边缘"特效

 实现步骤

Step1 打开 Premiere Pro 软件,新建项目,将项目命名为"【案例 11】彩色浮雕效果",单击"确定"按钮,新建项目。

Step2 执行"文件→新建→序列"命令(或按【Ctrl + N】组合键),弹出"新建序列"对话框,在对话框里设置相关参数,如图 4 - 167 所示。单击"确定"按钮之后即可新建序列。

Step3 执行"文件→导入"命令(或按【Ctrl + I】组合键),导入图 4 – 168 所示的"丹顶鹤.jpg"图像素材,并将其添加至 V2 轨道上。

图 4 – 167 新建序列　　　　　　　　　　　图 4 – 168 丹顶鹤

Step4 在"效果"面板中找到"彩色浮雕"效果,将其添加到素材上,在"效果控件"面板中调整特效的参数,并得到对应的效果图,如图 4 – 169 所示。

图 4 – 169 "彩色浮雕"效果图

Step5 在"效果"面板中找到"自动对比度"效果,将其添加到素材上,在"效果控件"面板中调整特效的参数,并得到对应的效果图,如图 4 – 170 所示。

图 4 – 170 "自动对比度"效果

Step6 在"效果"面板中找到"高斯模糊"效果,将其添加到素材上,在"效果控件"面板中调整特效的参数,参数及其效果图如图 4 – 171 所示。

图 4 – 171 "高斯模糊"效果

Step7 在"项目"面板中单击"新建项"按钮 🔲,在弹出的菜单中选择"颜色遮罩"选项,如图 4 – 172 所示。

Step8 在弹出的"新建颜色遮罩"对话框中单击"确定"按钮,如图 4 – 173 所示,在弹出的"拾色器"对话框中设置颜色为棕色(RGB:95/45/0),如图 4 – 174 所示。单击"确定"按钮后,会弹出"选择名称"对话框。在对话框中设置名称为"相框",如图 4 – 175 所示。单击"确定"按钮后,该颜色遮罩则会被添加至"项目"面板中。

图 4 – 172 新建颜色遮罩

图 4 – 173 "新建颜色遮罩"对话框

图 4 – 174 "拾色器"对话框

Step9 将"相框"添加至 V1 轨道上,在"效果"面板中找到"块溶解"特效,将其添加至颜色遮罩素材上,在"效果控件"面板中设置相关参数,如图 4 – 176 所示。

图 4 – 175 "选择名称"对话框

图 4 – 176 "块溶解"参数

Step10 选中 V2 轨道上的素材,在"效果控件"面板中将其"缩放"调整为 80%,如图 4 – 177 所示。

图 4 – 177 "块溶解"和"缩放"效果

Step11 在"效果"面板中找到"方向模糊"特效,将其添加至颜色遮罩素材上,在"效果控件"面板中设置相关参数,参数及对应效果如图 4 – 178 所示。

图 4 – 178 "方向模糊"效果

Step12 在"效果"面板中找到"斜角边"特效,将其添加至颜色遮罩素材上,在"效果控件"面板中设置相关参数,参数及对应效果如图 4 – 179 所示。

图 4 – 179 "斜角边"效果

Step13 在 V1 轨道上的素材上右击,在弹出的快捷菜单中选择"复制"命令,如图 4 – 180 所示。

Step14 再选中"丹顶鹤"素材,右击,在弹出的快捷菜单中选择"粘贴属性"命令,此时会弹出"粘贴属性"对话框,如图 4 – 181 所示。在对话

图 4 – 180 "复制"命令

框中选中"斜角边"属性,单击"确定"按钮。

Step15 在"效果控件"面板中设置"丹顶鹤"的斜角边参数,参数设置及对应的效果如图 4 - 182 所示。

4 - 181　"粘贴属性"对话框　　图 4 - 182　设置丹顶鹤素材的"斜角边"参数

Step16 按【Ctrl + S】组合键,并将项目中所用的素材打包。

拓展案例

通过所学知识,使用"风格化"特效与蒙版制作一个局部马赛克的效果。

扫一扫二维码查看案例具体效果。

拓展案例

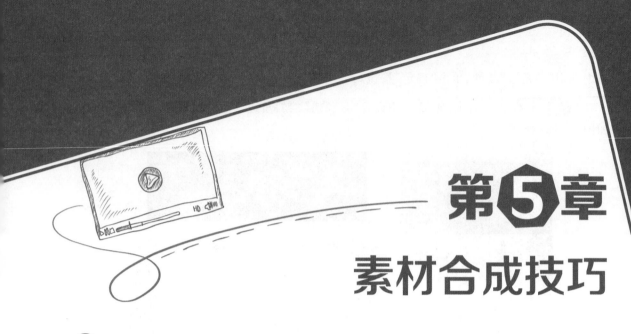

第5章
素材合成技巧

学习目标

◆ 掌握色彩的基础知识和"调色"界面组成，能够运用色彩知识，使用"颜色"界面对素材进行调色。

◆ 了解什么是合成，能够使用 Premiere Pro 软件进行合成。

◆ 掌握软件中各种抠像特效的使用，能够对简单的素材抠像。

视频合成往往也需要用到视频特效，"合成视频"言外之意就是将多个视频合成为 1 个视频。通常情况下，将视频合成的时候需要对多个素材进行调色、抠像等操作，以使它们之间衔接融洽。在 Premiere Pro 中有多种特效可用于调色和抠像，本章将带领读者掌握如何将素材进行合成。

5.1 【案例12】制作怀旧老电影效果

我们在看电视、电影或小视频时，只要看一眼就知道这是什么年代的电影，就是因为以前的老电影都有其独有的色彩。本案例将制作一个怀旧老电影的效果，通过本案例的学习，读者能够掌握调色基础和一些常用调色特效的应用。

效果展示

案例12

本案例是将正常色彩的视频制作成老电影感觉，老电影是黑白的，并且带有一些噪波。

扫一扫二维码查看案例具体效果。

案例分析

本案例共包含 2 个视频素材和 1 个音频素材，在制作本案例时，首先需要将界面切换至"颜色"界面，这样更方便调色，先将主体视频素材去色，即黑白；然后添加老电影的噪波，并将素材的长度与 V1 轨道的素材相匹配,同时也要删除素材中的音频,由于噪波素材不是透明的,因此需要更改一下素材的混合模式,才可看到混合效果;最后添加音频至 A1 轨道上,在音频中,24 秒后出现人声,因此,在 24 秒处添加编辑点,并删除后半段素材。

必备知识

1. 调色基础

为了在调色的时候更得心应手,在调色之前首先要了解和计算机色彩有关的知识,如色彩属性、颜色模式等。下面对这些知识进行详细讲解。

1)色彩属性

色彩共有 3 个属性:色相、饱和度、明度,任何一种颜色都具备这 3 种属性,具体介绍如下。

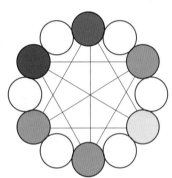

图 5 - 1 色相

● 色相:色相是色彩的首要特征,是区别各种不同色彩的最准确的标准。在不同波长的光的照射下,人眼会感觉到不同的颜色,如图 5 - 1 所示的蓝色、红色等。我们把这些色彩的外在表现特征称为色相。

● 饱和度:饱和度也称"纯度",指色彩的鲜艳度。饱和度越高,颜色越纯,色彩也越鲜明。一旦与其他颜色进行混合,颜色的饱和度就会下降,色彩就会变暗、变淡。当颜色饱和度降到最低就会失去色相,变为无彩色(黑、白、灰),如图 5 - 2 所示。

图 5 - 2 饱和度

● 明度:明度指色彩光亮的程度,所有颜色都有不同程度的光亮。图 5 - 3 所示最左侧的红色明度高,最右侧的红色明度低。在无彩色中,明度最高的为白色,中间是灰色,最暗为黑色。需要注意的是色彩明度的变化往往会影响到纯度,例如将红色加入白色后,明度提高了,纯度却会降低。

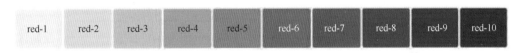

图 5 - 3 明度

2)色彩模式

在 Premiere Pro 中常见的颜色模式有 RGB、HSB 和 HLS,具体介绍如下。

● RGB 模式:当查看计算机显示器上的图像时,组成图像的颜色是通过红色、绿色和蓝色组合而成。当需要选择或编辑颜色时,大多数计算机允许选择 256(0～255)种红、绿和蓝,在 Premiere Pro 软件中一个图像中的红、绿、蓝颜色都称为通道,例如图 5 - 4 所示的"拾色器"对话框中,R 为红色比重,G 为绿色比重,B 为蓝色比重。当 3 个颜色的比重均为 0 时,图像为黑色;相反,当 3 个颜色的比重均为 255 时为白色;当红色(R)比重为 255,绿色和蓝色比重为 0 时,图像为正红色,依此类推。

● HSB 模式:HSB 色彩模式采用颜色的三属性来表示,H 为色相,S 为饱和度,B 为明度。将颜色三属性进行量化,饱和度和明度以百分比值 0% ~ 100% 表示,色相以角度 0° ~ 360° 表示,如图 5 – 5 所示。

图 5 – 4 "拾色器"对话框   图 5 – 5 HSB 模式

● HSL 模式:HSL 色彩模式采用色相(H)、饱和度(S)、亮度(L)来表示。与 HSB 类似,这里的亮度是指图像的明暗度,图 5 – 6 所示为调整图像亮度与明度的对比图。

原图   调整亮度   调整明度

图 5 – 6 调整亮度与明度对比图

2. 认识"颜色"界面

在 Premiere Pro 软件中选择"颜色"工作区,即可切换到"颜色"界面,如图 5 – 7 所示。由图 5 – 7 可以发现,在"编辑"界面的前提下多了一个"Lumetri Color"面板,并且在"控制区"多了一个"Lumetri 范围"面板。对这两个面板的具体介绍如下。

1)"Lumetri Color"面板

在"Lumetri Color"面板中可以对素材的颜色进行校正,里面包含六种用于调色的控件,如"基本校正""创意""曲线"等,如图 5 – 8 所示。

● 基本校正:"基本校正"是一个可以快速调整素材偏色的简单控件,可以加载主流的LUT。在这个控件中可以调整"白平衡"和"色调"两个参数,而在这两个参数下方可以更为细微地调整素材的"色温""高光""投影"等参数,如图 5 – 9 所示。当然,可以单击下方的"重置"按钮恢复最初的参数,还可以单击"自动"按钮让软件自动处理。

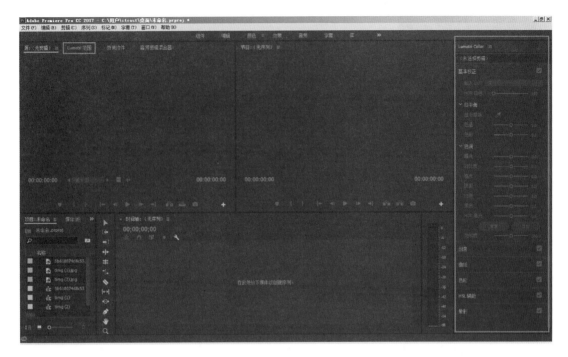

图 5 - 7 "颜色"界面

图 5 - 8 "Lumetri Color"面板

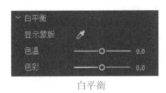

白平衡

色调

图 5 - 9 基本校正

● 创意:"创意"可以针对当前选中素材的不同颜色效果进行预览,还可以调整效果的强度、锐化、饱和度等参数,并且还配置了色轮用来调整图像中阴影和高光的颜色,如图 5 - 10 所示。单击预览图中的箭头 ◀或▶ 可以切换预设效果,单击预览图可以应用效果。

● 曲线:可以对素材图像的颜色进行快速的调整,在该控件中可以调整"RGB 曲线"和"色相饱和度曲线"两个参数。在"RGB 曲线"中有四个颜色按钮,如图 5 - 11 所示。它们依次代表图像的亮度、红色通道、绿色通道和蓝色通道。选中需要调整的颜色按钮,将鼠标放置在曲线上,当光标变成 时,单击,即可出现锚点,此时光标变成 ,按住鼠标左键拖动即可移动锚点,从而调整素材的颜色。"色相饱和度曲线"参数可以基于色相范围精确地控制颜色的饱和度,如图 5 - 12 所示。使用方法与"RGB 曲线"类似。

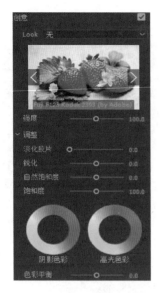

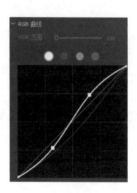

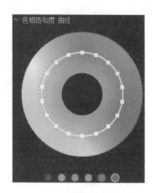

图 5 – 10　预览素材不同颜色效果　　5 – 11　"RGB 曲线"参数　　图 5 – 12　"色相饱和度曲线"参数

● 色轮：该控件可以对素材的中间调、阴影和高光进行调整，例如，将鼠标放在"中间调"色轮上时，色轮中间会出现一个▉图标，如图 5 – 13 所示。按住鼠标左键将它向边缘移动，则可以使素材的中间调部分偏向所移动的区域的颜色。每个色轮的左侧有一个亮度滑块，用于调整颜色的亮度。

● HSL 辅助：该控件可以对素材中特定的区域调整颜色，可以使用控件中的吸管选择特定的颜色，如图 5 – 14 所示。再对下面的参数进行调整即可调整对应的颜色。

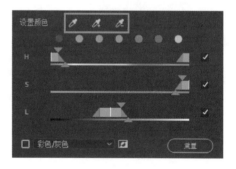

图 5 – 13　色轮　　　　　　　　　　图 5 – 14　吸管

● 晕影：可以使素材的四周形成较暗的边缘。图 5 – 15 所示为调整晕影的参数及前后对比图。

图 5 – 15　晕影前后效果

2）"Lumetri 范围"面板

"Lumetri 范围"面板中是一组图像分析工具，这些分析工具标题统称为"示波器"，用于查看颜色的客观信息。由于各个计算机的亮度、颜色的显示和人眼主观的不同。在观看颜色的时候往往不会那么准确，因此查看颜色的客观信息是很重要的。在该面板中可以显示多个示波器，从而提供了一个有关素材的客观视图。其中比较常用的示波器有"矢量示波器 YUV"和"分量 RGB"两个。

3）矢量示波器 YUV

单击面板下方的设置按钮 ，如图 5 - 16 所示，在弹出的菜单中选择"矢量示波器 YUV"，不需要的示波器再次单击即可取消选择。

图 5 - 16
弹出的菜单

此时"Lumetri 范围"面板中会显示示波器（所对应的图像素材见图 5 - 17），如图 5 - 18 所示。对"矢量示波器 YUV"的具体查看方法如下。

图 5 - 17　示波器对应的素材

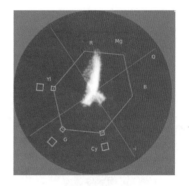

图 5 - 18　矢量示波器 YUV

该示波器可以查看素材画面的色相和饱和度，中间的白色像素即为图像的颜色区域分布显示。从"矢量示波器 YUV"中可以看出圆盘中的像素偏向"R"处，因此可以得出图像是以红色为主的。具体查看方法如下：

在"矢量示波器 YUV"中，可以看到一系列颜色目标，如图 5 - 19 所示；每个颜色目标对应两个方框（大方框和小方框），小方框与小方框连接了一条细线。

在"矢量示波器 YUV"中共有 6 个颜色目标，代表了 6 种颜色，具体见表 5 - 1。当像素越接近某个颜色目标，就越像颜色目标的颜色，如果像素出现在圆圈的中心，也就是不接近任何颜色，那么说明素材无颜色饱和度，如图 5 - 20 所示。越接近颜色目标则颜色的饱和度越高，如图 5 - 21 所示。

表 5 - 1　颜色目标对照表

颜色目标	代表的颜色
R	红色
G	绿色
B	蓝色
YL	黄色
CY	青色
MG	品红色

图 5 - 19　颜色目标

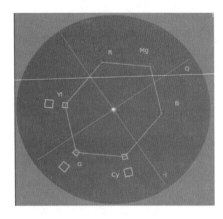

图 5 – 20　无颜色饱和度

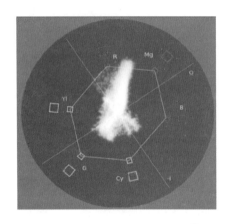

图 5 – 21　高颜色饱和度

在"矢量示波器 YUV"中的小方框是 YUV 的颜色限制,当图像的颜色超出了小方框,说明素材的饱和度很高。而大方框是 RGB 的颜色限制,比 YUV 的颜色饱和度更高。图 5 – 22所示的示波器显示红色的饱和度过高。小方框之间连接的细线代表了 YUV 颜色的范围。

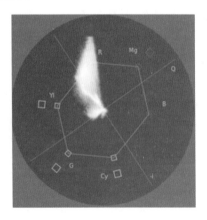

图 5 – 22　饱和度过高

4）"分量（RGB）"示波器

在如图 5 – 16 所示的菜单中选择"分量（RGB）"示波器。该可以显示红、绿、蓝三个通道，在"分量（RGB）"示波器中，当坐标轴接近 0 时，则代表颜色的数量越少，画面也越黑，颜色信息越往上说明颜色的数量越多，画面也越亮。在图 5 – 23 所示的"分量（RGB）"示波器中，红色明显很低，而绿色和蓝色很高，说明图像偏向青色（蓝色和绿色混合会生成青色）。

图 5 – 23　"分量（RGB）"示波器

当素材画面中有白色或灰色时，红、绿、蓝 3 个部分会有类似的图案，因为这些部分有相同数量的红、绿、蓝。

视频特效包含"Lumetri Color"特效，将它添加至素材上后，在"效果控件"面板中也可以对其参数进行调整，但"Lumetri Color"面板中的显示更为直观。而在不添加"Lumetri Color"特效，那么在"颜色"界面调整"Lumetri Color"面板中任意参数，同样可以自动添加"Lumetri Color"特效。

3."ProcAmp"特效

该特效可以调整素材的亮度、对比度、色相和饱和度等参数，是一个较为常用的特效，在"效果"面板中搜索"ProcAmp"即可看到该特效，将特效应用到素材上后，应用特效的参数及对应效果如图 5 – 24 所示。

图 5 – 24　"ProcAmp"特效

4."更改为颜色"特效

该特效可以将素材中的某一个颜色替换成另一个颜色。在"效果"面板中搜索"更改为颜色"即可看到该特效,将特效应用到素材上后,在"自"和"至"参数后分别有两个颜色块和两个吸管,单击色块即可弹出"拾色器"对话框,在对话框中选择一个颜色,也可以使用吸管吸取画面中的颜色。通常情况下使用"自"后面的吸管吸取画面中要替换掉的颜色,再单击"至"后面的色块,在弹出的"拾色器"对话框中选择一个要应用的颜色。应用特效的参数及对应效果如图 5 - 25 所示。当然,还可以调整更改方式及"色相""饱和度"等参数。

图 5 - 25　"更改为颜色"特效

5."快速颜色校正器"特效

"快速颜色校正器"可以快速调整素材的颜色。将特效应用到素材上后,通过设置"效果控件"面板中的"色相平衡和角度"控制器即可快速调整素材的颜色。"色相平衡和角度"控制器由 3 部分构成,分别是"色相环""圆心""平衡增益""平衡角度指针""色域",如图 5 - 26所示。

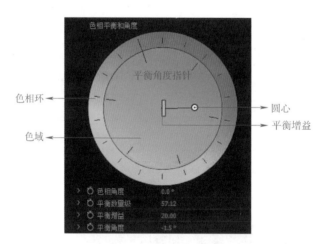

图 5 - 26　"快速颜色校正器"

色相环中显示各种颜色,用于调整色相角度。"指针"处的颜色即为调整后的画面色调。拖动"圆心"至"色相环"的某个位置时,该位置的颜色也为调整后的画面色调。"色域"可以指定颜色,当"圆心"在"色域"中的某个位置时,则代表该位置的颜色即为调整后的画面色调。"平衡增益"可以调整"色域"中颜色的饱和度。应用特效的参数及对应效果如图 5 - 27 所示。

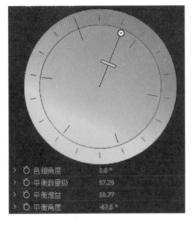
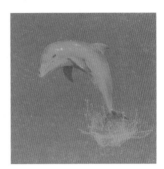

图 5 – 27　调整"色相平衡和角度"控制器

实现步骤

Step1　打开 Premiere Pro 软件,新建项目,将项目命名为"【案例 12】制作怀旧老电影效果",单击"确定"按钮,新建项目。

Step2　执行"文件→导入"命令(或按【Ctrl + I】组合键),导入图 5 – 28 所示的"药剂师. mp4"视频素材至"项目"面板中。

药剂师.mp4

图 5 – 28　视频素材"药剂师"

Step3　将视频素材拖动至"时间轴"面板中,以创建序列。选择"颜色"工作区,切换到"颜色"界面。删掉视频素材中的音频。

Step4　选中素材,在右侧的"Lumetri Color"面板的"基本校正"中设置"饱和度"为 0,即可看到对应的效果,如图 5 – 29 所示。

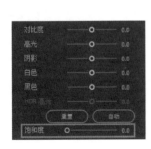

图 5 – 29　参数设置及效果图

Step5　单击"创意"控件,展开"创意"的参数,单击一次预览图右侧的箭头图标▶,如图 5 – 30 所示。切换预设效果,再单击预览图应用预设效果,应用后的效果如图 5 – 31 所示。

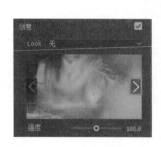

图 5-30　查找预设效果　　　　　　　图 5-31　应用预设效果

Step6 单击"曲线"控件,展开参数,选中白色图标,图 5-32 所示。

Step7 将鼠标放置在曲线上方,当光标变成⬛时,在图 5-33 所示的位置添加锚点,将锚点向上移动,如图 5-34 所示。调整曲线前后的效果如图 5-35 所示。

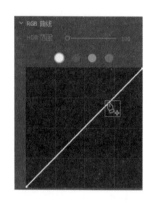

图 5-32　"曲线"　　　　　　图 5-33　添加锚点　　　　　　图 5-34　移动锚点

调整曲线前　　　　　　　　　　　　　　　　调整曲线后

图 5-35　调整曲线前后对比图

Step8 单击"晕影"控件,展开参数,将数量调整为 -1,如图 5-36 所示,得到效果如图 5-37 所示。

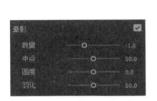

图 5 – 36　调整晕影参数　　　　　　　　图 5 – 37　效果图

Step9　执行"文件→导入"命令（或按【Ctrl + I】组合键），导入图 5 – 38 所示的"老电影噪波 . mp4"视频素材至"项目"面板中。

Step10　将"老电影噪波 . mp4"视频素材添加至 V2 轨道上，并删掉视频中的音频，如图 5 – 39 所示。

Step11　将时间滑块定位在 24 秒 18 帧处，按【Ctrl + K】组合键添加编辑点，并删掉 V2 轨道上后半段素材片段，使两段素材长度一致，如图 5 – 40 所示。

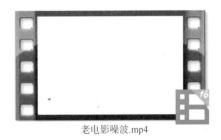

老电影噪波.mp4

图 5 – 38　视频素材

图 5 – 39　添加视频素材至 V2 轨道　　　　图 5 – 40　删除素材片段

Step12　在"效果控件"面板中，设置"老电影噪波 . mp4"视频素材的混合模式为"柔光"，效果如图 5 – 41 所示。

Step13　执行"文件→导入"命令（或按【Ctrl + I】组合键），导入"M10. mp3"音频素材至"项目"面板中，并添加至 A1 轨道上。

Step14　选中"M10. mp3"音频素材，将时间滑块定位在 24 秒处，按【Ctrl + K】组合键添加编辑点，并删掉后半段素材片段，如图 5 – 42 所示。

图 5 – 41　柔光效果

图 5 – 42　删除音频素材的片段

Step15 按【Ctrl + S】组合键保存项目,并将项目中所用的素材打包。

5.2 【案例13】抠图换背景

在制作后期,往往有很多绿幕视频,如果想将绿幕中的主体抠出来,就需要使用 Premiere Pro 中的一些特效来实现。在 Premiere Pro 中最为常用的抠图特效之一是"超级键"。本案例将制作一个抠图换背景的效果,通过本案例的学习,读者能够了解合成的相关知识,并掌握"超级键""图像遮罩键""差值遮罩"的使用方法。

 效果展示

在炫酷的背景中,伴随着优美的歌声,一个人在跳舞。

扫一扫二维码查看案例具体效果。

 案例分析

本案例包含 2 个视频素材,一个作为主体,另一个作为背景。在制作本案例时,首先将背景素材中的音频删掉;然后保留主体素材中的最后一个人物跳舞的片段;再将两个视频素材长度相对应;最后使用"超级键"特效将主体素材中的绿幕背景调成透明即可。

 必备知识

1. 合成简介

通常情况下,合成会用在效果比较复杂的影视作品当中,主要通过使用多个视频素材的叠加来实现。在 Premiere Pro 中建立合成效果,需要将在多个视频轨道中的素材进行叠加,较高层轨道的素材会优先显示,如图 5 – 43 所示。

图 5 – 43　叠加效果(高层覆盖底层)

在实际应用中,可以通过不透明度、混合模式、Alpha 通道和键控等方法来生成素材的合成效果,对这几种方法的介绍如下。

1)不透明度

由于每个素材都存在不透明度这个属性,适当地调整素材的不透明度,就可以使素材之间叠加。在 Premiere Pro 中,将一个老鹰素材叠加至一个风景素材上之后,调整老鹰素材的不透明度为 50% 时,则在"节目监视器"中既能看到上面的素材,也能看到下面的素材,如图 5 - 44 所示。

图 5 - 44　利用不透明度叠加

2)混合模式

通过混合模式也可以制作合成效果。在 Premiere Pro 中默认的图层混合模式为"正常",除了"正常"还有很多种混合模式。在"效果控件"面板中,单击"混合模式"右侧的下拉按钮,如图 5 - 45 所示,弹出图 5 - 46 所示的下拉菜单。菜单中的每个混合模式得出来的合成效果都不一样。依旧以老鹰和风景素材为例,将老鹰素材的混合模式调整为"变暗"时,得到图 5 - 47 所示的效果,将老鹰素材的混合模式调整为"叠加"时,可得到图 5 - 48 所示的效果。

图 5 - 45　单击按钮　　　　　　　　　　　　图 5 - 46　混合模式

图 5 – 47　"变暗"混合模式

图 5 – 48　"叠加"混合模式

3）Alpha 通道

素材中除了包含可见的红、绿、蓝三个通道外，往往还包含一个不可见的通道，这个通道就是 Alpha 通道，用于存储素材的透明信息。在 Premiere Pro 中查看 Alpha 通道时，黑色区域是完全透明的，如图 5 – 49 所示。但在实际应用中，由于摄像机无法产生 Alpha 通道，因此包含 Alpha 通道的素材很少。

4）键控

"键控"的意思是吸取画面中的某一种颜色作为透明色（即不透明度为 0），画面中所包含的这种颜色将被清除，从而使位于该画面之下的背景画面显现出来，这样就形成了两层画面的叠加合成。通过这样的方式，单独拍摄的角色经抠图后可以与各种景物叠加在一起，由此形成丰富而神奇的艺术效果。由于包含 Alpha 通道的素材很少，因此使用"键控"来进行抠像就显得十分重要。

在 Premiere Pro 中，"键控"作为一个特效文件夹，里面包含了多种抠图特效，如"Alpha 调整""超级键""图像遮罩键"等。不同的抠像特效针对不同的素材。

2. 超级键

该特效可以根据指定颜色、不透明度、高光和阴影等参数精细抠去素材中相应的区域，多用于抠取背景简单的素材。当为素材添加"超级键"特效后，在"效果控件"面板中即可看到相关参数，如图 5 – 50 所示。在"主要颜色"参数后方单击"吸管"按钮，将鼠标移动至素材的背景色上，单击，即可将背景变透明，如图 5 – 51 所示。

完全不透明　　　半透明　　　完全透明

图 5 – 49　Alpha 通道

图 5 – 50　"超级键"特效参数

抠取绿背景前

抠取绿背景后

图 5-51 抠取背景前后效果图

但在实际应用中,由于拍摄原因等,带有光线的绿幕或蓝幕背景比较多,因此直接使用吸管的效果并不理想,如图 5-52 所示。此时需要调整素材的 Alpha 通道等参数,在"效果控件"面板中将"输出"设置成"Alpha 通道";此时,画面会变成通道显示方式,如图 5-53 所示。设置成"Alpha 通道"的作用是利用 Alpha 通道将背景调整为透明。这时,在"效果控件"面板中调整"遮罩生成"等参数,将背景全部调成黑色即可,这样才能使背景完全透明,参数及效果如图 5-54 所示。

素材

抠像后

图 5-52 抠像不理想

图 5-53 通道显示样子

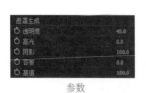

参数 Alpha通道 最终效果

图 5 – 54 设置"超级键"参数及效果图

3. 图像遮罩键

该特效是通过添加外部的素材,形成蒙版。图 5 – 55 所示的 2 个图像素材,将"鸟.jpg"素材添加至 V1 轨道上,将该特效添加至"鸟.jpg"素材上后,在"效果控件"面板中单击特效名称右侧的"设置"按钮 ⇥▣ ,导入"xiaohuahua.png"透明素材,即可添加遮罩,如图 5 – 56 所示。值得注意的是,导入的透明素材的名称及其所在文件夹的名称必须为英文,否则看不到效果。

xiaohuahua.png 鸟.jpg

图 5 – 55 图像素材 图 5 – 56 遮罩效果

4. 差值遮罩

该特效可以对比两个相似画面的素材,去除两个画面相似的部分,而留下差异较大的部分。通常用于抠取视频素材中的主体。通过一个对比层与源层进行比较,如图 5 – 57 所示。将源层中的位置和颜色与对比层中相同的像素抠成透明。导入一个视频素材,如图 5 – 58 所示。将时间滑块定位在第一帧(视频素材中无主体的空背景的任何一帧都可以),在"节目监视器"面板中单击"导出帧"按钮 ▣(关于导出帧的相关知识将在后面章节进行讲解),在弹出的"导出帧"对话框中勾选"导入到项目中"复选框,如图 5 – 59 所示,将其添加至项目中,并且添加至视频素材下面的轨道上,如图 5 – 60 所示。

源层 对比层

图 5 – 57 源层与对比层

图 5 - 58　视频素材截图

图 5 - 59　"导出帧"对话框

　　将"差值遮罩"特效添加至视频素材上,在参数面板中设置"差值图层"为静止帧所在的轨道上,此处应选择"视频 1"。此时,隐藏 V1 轨道,即可看到效果图,如图 5 - 61 所示。当然,在"效果控件"面板中还可以调整该特效的相关参数。但是由于受光线及拍摄的影响,单单使用该特效抠图的效果往往不是很理想。值得注意的是,视频素材中必须要存在一帧无主体物存在的背景。

图 5 - 60　添加素材至轨道上

图 5 - 61　"差值遮罩"抠图效果

实现步骤

Step1　打开 Premiere Pro 软件,新建项目,将项目命名为"【案例 13】抠图换背景",单击"确定"按钮,新建项目。

Step2　执行"文件→导入"命令(或按【Ctrl + I】组合键),导入图 5 - 62 所示的"绿幕跳舞 . mp4"和"舞台背景 . mp4"视频素材至"项目"面板中。

绿幕跳舞.mp4

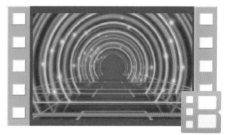

舞台背景.mp4

图 5 - 62　视频素材

Step3 将"舞台背景.mp4"视频素材拖动至"时间轴"面板中,以创建序列。删掉视频素材中的音频。

Step4 将"绿幕跳舞.mp4"视频素材添加至 V2 轨道上,如图 5 - 63 所示。

图 5 - 63　添加素材到轨道上

Step5 选中"舞台跳舞.mp4"视频素材,将时间滑块定位在 10 秒的位置,按【Ctrl + K】组合键添加编辑点,并删除后段部分及波纹,如图 5 - 64 所示。

图 5 - 64　删除 V2 前半段素材

Step6 选中"舞台背景.mp4"视频素材,将时间滑块定位在 26 秒的位置,按【Ctrl + K】组合键添加编辑点,并删除后段部分及波纹,使长度与 V2 轨道上的素材长度一致,如图 5 - 65 所示。

图 5 - 65　删除 V1 后半段素材

Step7 在"效果"面板中找到"超级键"特效,将它添加至"绿幕跳舞.mp4"素材上。

Step8 在"效果控件"面板中,单击"超级键"中"主要颜色"参数后面的吸管按钮 ,将鼠标移动至"绿幕跳舞.mp4"的绿色背景上单击,吸取背景颜色,如图 5 - 66 所示。此时绿色背景即变成透明,如图 5 - 67 所示。

Step9 将"绿幕跳舞.mp4"的位置设置为 882.0,540.0,效果如图 5 - 68 所示。

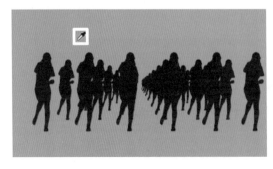

图 5 - 66　吸取绿幕背景　　　　　　　　图 5 - 67　背景透明

图 5 - 68　调整视频素材大小

 Step10 按【Ctrl + S】组合键保存项目,并将项目中所用的素材打包。

5.3 【案例 14】制作云中天使效果

上一节已经学习了有关合成的知识以及"超级键""图像遮罩键""差值遮罩"等特效的应用。本案例将制作一个云中天使的效果,通过本案例的学习,读者能够掌握"亮度键""蒙版抠图""颜色键"等特效的应用。

案例14

效果展示

本案例为天使在云中闪闪发光,逐渐显示文字的效果。

扫一扫二维码查看案例具体效果。

案例分析

本案例包含了 3 个视频素材,在制作本案例时,可以将其分为 2 个部分来制作,具体介绍如下。

1. 为素材添加特效

将素材添加至轨道后,首先需要将上层图像的背景调整为透明,以备使用,再添加一系列的光源效果;其次添加文案素材,并为其添加特效。

2. 制作动画效果

在制作这部分的时候,需要应用关键帧。添加关键帧有文字和光效两部分:文字为逐渐显示的效果,光效为时强时弱的效果。

必备知识

1. 亮度键

亮度键是根据素材的明暗,将素材的部分区域抠出,比较适合明暗关系明显的素材。图 5 - 69 所示的两个图像素材,依次将"小羊.jpg"和"遮罩.jpg"素材添加至 V1 和 V2 轨道上,将特效添加至"遮罩.jpg"素材上后,即可看到效果,如图 5 - 70 所示。值得一提的是,可以通过调整"效果控件"面板中的"阈值"和"屏蔽值"决定抠出亮部还是抠出暗部。当"阈值"大于"屏蔽值",那么素材中的暗部将变成透明,相反则使亮部变为透明。

小羊.jpg

遮罩.jpg

图 5-69　图像素材

图 5-70　效果

2. 蒙版抠图

若使用效果抠图不太显著时,可采取蒙版的方式将剩余图像抠成透明。在"不透明度"参数的下方使用 3 个蒙版工具,将未变为透明的区域变透明。图 5-71 所示为两个图像素材叠加在一起,使用"颜色键"特效将孔雀所在的图像素材中的地面背景变为透明,参数设置及对应效果如图 5-72 所示。

图 5-71　两个图像素材

图 5-72　"颜色键"特效参数设置及效果

由图 5-72 所示的效果图可知,孔雀底部的阴影处的地面背景并没有变成透明色,此时选中"不透明度"参数下方的"自由绘制贝塞尔曲线"工具按钮，在孔雀的阴影处进行勾勒,如图 5-73 所示。

接着勾选"已反转"选项,如图 5-74 所示,此时可以看到勾勒的区域已变成透明,如图 5-75 所示。

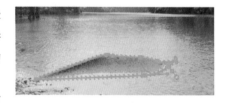

图 5-73　勾勒需要清除的区域

图 5-74　设置反转

图 5-75　去除阴影

3. 非红色键

该特效是基于绿色或蓝色背景创建透明度。当素材应用该特效时,绿色或蓝色背景会变为半透明,如图5-76所示。通常通过调整"效果控件"面板中的"阈值"和"屏蔽度"将背景调整为全透明,如图5-77所示即为参数和对应的效果。

图5-76　半透明

图5-77　参数调整和效果图

4. 颜色键

该特效可以抠出素材中所有与指定颜色类似的颜色。使用"主要颜色"后面的吸管,吸取需要变为透明区域的颜色,通过调整容差来控制颜色的范围。也可以对边缘进行羽化,以便创建边缘的平滑过渡,应用"颜色键"特效的参数及对应效果如图5-78所示。

原素材　　　　　　　　　"颜色键"参数设置　　　　　　　　抠像效果

图5-78　应用"颜色键"特效

实现步骤

1. 为素材添加特效

Step1 打开 Premiere Pro 软件,新建项目,将项目命名为"【案例14】制作云中天使效果",单击"确定"按钮,新建项目。

Step2 执行"文件→导入"命令(或按【Ctrl+I】组合键),导入图5-79所示的"天使.jpg"和"云.jpg"图像素材至"项目"面板中。

Step3 将"云.jpg"图像素材拖动至"时间轴"面板中,以创建序列。将"天使.jpg"图像素材添加至 V2 轨道上,效果如图 5-80 所示。

图 5-79　两个图像素材 　　　　　　　　图 5-80　依次将素材添加至轨道上

Step4 选中 V2 轨道上的天使素材,将其大小及位置进行适当调整,如图 5-81 所示。

Step5 在"效果"面板中找到"颜色键"特效,将其添加至 V2 轨道的素材上,使用"主要颜色"后面的吸管吸取背景颜色,并调整"颜色容差"为 34,"边缘细化"为 5,"羽化边缘"为 7.9,如图 5-82 所示,对应的效果如图 5-83 所示。

图 5-81　调整天使大小及位置 　　　　　　　图 5-82　参数设置

Step6 在"不透明度"参数下方单击"自由绘制贝塞尔曲线"工具按钮,在未变透明的区域勾勒路径,如图 5-84 所示。

图 5-83　"分量(RGB)"示波器 　　　　　　图 5-84　绘制贝塞尔曲线

Step7　在"效果控件"面板中,勾选"已反转"复选框,如图 5 - 85 所示,得到效果如图 5 - 86 所示。

图 5 - 85　勾选"已反转"

图 5 - 86　设置不透明度效果图

Step8　在 V2 轨道上添加"镜头光晕"特效,在"效果控件"中设置"光晕中心""光晕高度"等参数,如图 5 - 87 所示,前后对比效果如图 5 - 88 所示。

效果前　　　　　　　效果后

图 5 - 87　参数设置

图 5 - 88　镜头光晕效果

Step9　在 V2 轨道上添加"相机模糊"特效,在"效果控件"中设置"百分比模糊"为 41,并设置模糊区域及效果,参数设置如图 5 - 89 所示,前后对比效果如图 5 - 90 所示。

图 5 - 89　蒙版参数

模糊前 模糊后

图 5 - 90 模糊前后对比图

Step10 选中 V1 轨道上的云素材,为其添加"镜头光晕"效果,在"效果控件"面板中设置"镜头光晕"的相关参数,参数设置及对应的效果如图 5 - 91 所示。

图 5 - 91 添加"镜头光晕"特效

Step11 执行"文件→导入"命令(或按【Ctrl + I】组合键),导入图 5 - 92 所示的"文案 . png"图像素材至"项目"面板中,并将其添加至 V3 轨道中,效果如图 5 - 93 所示。

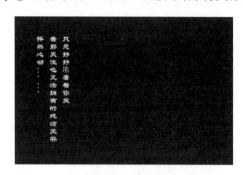

图 5 - 92 文案素材 图 5 - 93 添加文案至轨道上

2. 制作动画效果

Step1 为"文案 . png"添加"百叶窗"特效,将时间滑块定位在第一帧的位置,在"效果控件"面板中单击"切换动画"按钮 ,添加第一个关键帧,设置"过渡完成"为 100%。

Step2 将时间滑块向后移动,定位在 15 帧的位置,设置"过渡完成"为 0%。

Step3 选中 V1 轨道上的素材,单击"效果控件"面板中"光晕亮度"前面的"切换动画"按钮 ⏱,添加第一个关键帧。

Step4 将时间滑块向后移动,定位在 19 帧的位置,添加关键帧,设置"光晕亮度"为 110%。

Step5 选中第一个关键帧,右击,在弹出的快捷菜单中选择"复制"选项,如图 5 – 94 所示。

Step6 将时间滑块定位在 1 秒 16 帧的位置,右击,在弹出的快捷菜单中选择"粘贴"命令,粘贴关键帧。

Step7 按照 Step5 和 Step6 的方法分别复制第 2 个关键帧至 2 秒 16 帧的位置、第 1 个关键帧至 3 秒 20 帧的位置。

Step8 按【Ctrl + S】组合键保存项目,并将项目中所用的素材打包。

图 5 – 94　选择"复制"选项

拓展案例

通过所学知识,使用关键帧,"超级键"特效和"颜色"面板制作乌龟在水中前行的效果。

扫一扫二维码查看案例具体效果。

拓展案例

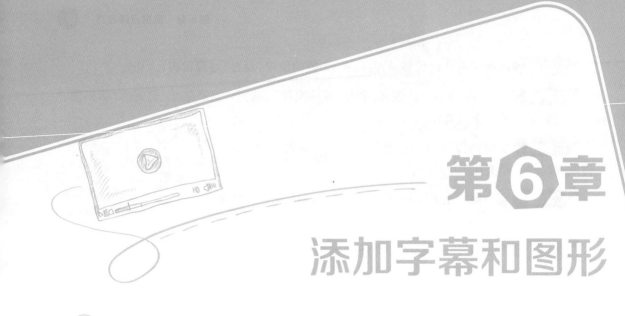

第6章
添加字幕和图形

学习目标

◆ 了解字幕窗口,能够在画面中添加字幕。

◆ 掌握字幕的基础编辑,能够对添加的字幕进行设置。

◆ 理解如何创建路径文本,能够在画面中创建路径文本。

◆ 掌握创建运动字幕的方法,能够在画面中添加运动字幕。

字幕是指以文本形式显示电视、电影、舞台作品中的对话等非影像内容,在电影银幕或电视屏幕下方出现的解说文本、影片的片名、演职员表等都称为字幕。由于很多字词同音,只有通过字幕文本和音频结合来观看,才能更加清楚节目内容。本章将带领读者认识Premiere Pro软件中的字幕及其使用方法。

6.1 【案例15】为视频添加字幕

通常情况下,几乎所有视频中都有一些字幕用于解说,本案例将为一个短视频添加一系列字幕,通过本案例的学习,读者能够了解"字幕"窗口的组成,掌握如何创建简单字幕等知识。

案例15

效果展示

在视频播放的时候,画面底部出现解说文字。

扫一扫二维码查看案例具体效果。

案例分析

本案例包含1个视频素材和1个音频素材,在原视频素材不变的情况下,在视频画面的底部添加一系列字幕,配上音频即可完成。

⊕ 必备知识

1. 认识"字幕"窗口

Premiere Pro 中提供了一个专门用于创建及编辑字幕的"字幕"窗口,几乎所有与文本相关的编辑及处理都是在该面板中完成的。在"字幕"窗口中,除了创建和编辑文本效果外,还能够绘制各种图形。执行"字幕→新建字幕→默认静态字幕"命令会弹出"新建字幕"对话框,如图 6-1 所示。在对话框中设置字幕名称(通常情况下,其余的参数与序列保持一致,无特殊情况不必修改),单击"确定"按钮,即可弹出"字幕"窗口。

图 6-1　"新建字幕"对话框

在"字幕"窗口中,包含 7 个模块,如"字幕工具""字幕名称""字幕属性""字幕编辑区"等,如图 6-2 所示。

图 6-2　"字幕"窗口

1)字幕工具

该区域中包含了一些制作文本与图形的常用工具,如图 6-3 所示。利用这些工具可以在项目中添加字幕和一些图形。

- 选择工具▶:用于选择字幕或图形;
- 旋转工具◠:用于旋转字幕或图形;
- 文字工具T:用于创建水平文本字幕;
- 垂直文字工具⏇:用于创建垂直文本字幕;
- 区域文字工具▤:用于创建水平方向区域

图 6-3　字幕工具

文本字幕；

- 垂直区域文字工具 :用于创建垂直方向的区域文本字幕；
- 路径文字工具 :用于创建水平排列的路径文本；
- 垂直路径文字工具 :用于创建垂直排列的路径文本；
- 绘制图形工具:用于绘制图形。

2）字幕名称

用于显示字幕的名称,在实际操作中,项目里往往包含很多字幕素材,这时候查看字幕名称能使我们更容易区分编辑的是哪个字幕。

3）快速设置属性

该区域可以快速设置文本的运动类型、字体、加粗、斜体等参数,如图 6-4 所示。

图 6-4　快速设置属性

4）字幕编辑区

该区域是创建字幕和绘制图形的主要区域,在编辑区中有两个白色的矩形线框,其中,内边框是安全字幕边距,外边框是安全动作边距,如图 6-5 所示。所谓安全边距就是保证重要信息正常显示的警示边框。若文本超出了安全字幕边距,那么在播放的时候,文本很有可能处在最边缘的位置,从而使画面不美观,如图 6-6 所示。若文本超出了安全动作边距,那么文本内容的显示很有可能模糊、变形或不可见。因此在编辑文本时,切记尽量要将文本放置在安全边距内。

图 6-5　安全边距

图 6-6　超出安全字幕边距效果

值得注意的是,在 Premiere Pro 中,默认是显示这两个安全边距的,若没有显示边距,执行"字幕→视图→安全字幕边距（或安全动作边距）"命令就可以调出安全边距。或直接在编辑区中右击,在弹出的快捷菜单中选择"视图→安全字幕边距（或安全动作边距）"即可,如图 6-7 所示。

图 6-7　调出安全边距

5）字幕属性

该区域可以详细地调整字幕的具体参数，共分为 6 部分，分别是"变换""属性""填充""描边""阴影""背景"，如图 6-8 所示。6 个部分分别有其各自的功能，具体解释如下。

- 变换：可以设置文本及图形的基本效果，如位置、高度、宽度、不透明度等；
- 属性：可以设置文本的基本属性，如字体、字体大小、字间距、行间距等；
- 填充：用于设置文本或者图形的颜色及纹理；
- 描边：用于设置文本或者图形的边缘颜色；
- 阴影：可以为文本或图形设置阴影效果；
- 背景：可以设置文本的背景色及背景色样式。

6）字幕样式

可以设置文本的不同风格，如图 6-9 所示。在编辑区创建文本后，单击"字幕样式"中的任意效果，即可改变文本的风格。

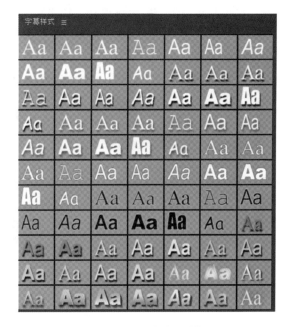

图 6-8　"字幕属性"　　　　　　　　　图 6-9　"字幕样式"

7）字幕动作

该区域可以快速排列或分布文本，共分为 3 组，分别是"对齐""中心""分布"，如

图 6 – 10 所示。其中，"对齐"组是以选中的文本或图形为基准进行对齐，可以更方便地使字幕（或图形）与字幕（或图形）之间对齐，当编辑区中有两个或多个字幕（或图形）时，才可使用对齐组内的按钮；"中心"组是以画面为基准将字幕（或图形）进行垂直或水平居中，利用"中心"组的按钮，可以更准确、快速地使字幕（或图形）处于整个画面的中心；而"分布"组是以选中的文本（或图形）为基准进行平均分布，分布可以使字幕（或图形）与字幕（或图形）之间的距离相等，当编辑区中有 3 个或多个字幕时，方可使用分布组内的字幕。

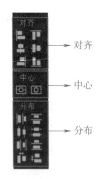

图 6 – 10　字幕动作

2. 创建字幕

打开"字幕"窗口就可以创建字幕了，使用"文字工具"和"垂直文字工具"可以创建不同方向的字幕，创建完字幕后，关闭"字幕"窗口，创建好的字幕会被添加至"项目"面板中，可以作为一个单独的素材进行使用。创建字幕的具体方法如下。

1）使用"文字工具"创建水平文本字幕

水平文本字幕是指沿着水平方向进行排列的文本类型。在"字幕工具"模块中选择"文字工具"，在编辑区上任意位置单击，会出现一个闪烁的光标，此时，进入文本编辑状态，在窗口中输入文本，从而创建水平文本字幕，如图 6 – 11 所示。在"字幕工具"模块中选择"选择工具"即可完成输入。

2）使用"垂直文字工具"创建垂直文本字幕

垂直文本字幕是指沿着垂直方向进行排列的文本类型。与"文字工具"的使用方法一致，选择"垂直文字工具"，在编辑区上任意位置单击，即可进入文本编辑状态，在窗口中输入文本，可以创建垂直文本字幕，如图 6 – 12 所示。在"字幕工具"模块中选择"选择工具"即可完成输入。

图 6 – 11　输入水平文本

图 6 – 12　输入垂直文本

值得一提的是在使用"文字工具"和"垂直文字工具"输入文本时不能自动换行，而往往会写到安全框外，在没完成输入之前，按【Enter】键即可换行输入。此外，使用"字幕工具"模块中的"区域文字工具"和"垂直区域文字工具"在编辑区上任意位置单击并拖动鼠标，会出现一个文本框，即可进入文本编辑状态，如图 6 – 13 所示。此时输入文本若长度超过文本框长度时，则可自动换行。若文本过多，超过文本框的区域范围，则文本框右侧会出现一个加号图标，这个加号代表文本没有显示完整。此时直接调整文本大小或使用"选择工具"放大文本框，从而显示文本。将鼠标放置在文本框四周的锚点上，当光标变为样式时，按住鼠标左键拖动，放大文本框即可，如图 6 - 14 所示。

3. 字幕的基础编辑

当创建的字幕被添加至"项目"面板后，往往会由于各种原因需要对这些字幕进行编辑，双击需要修改的字幕即可再次打开"字幕"窗口。在"字幕"窗口中可以对字幕进行编辑。字幕的基础编辑包括"选择/移动文本""编辑文本内容""旋转文本""复制/粘贴文本""删除文本"。具体介绍如下。

1）选择/移动文本

在"字幕工具"模块中选择"选择工具"，将鼠标移动至编辑区中的文本上，单击，即可选中文本，此时，文本周围会出现带有边点和角点的定界框，如图 6 - 15 所示。在使用"选择工具"选择文本时有几个小技巧，具体如下。

角点
边点

图 6 - 13　进入编辑状态　　　图 6 - 14　放大文本框　　　图 6 - 15　定界框

● 部分选择：选择"选择工具"后，按住【Shift】键的同时单击多个文本，即可同时选中多个素材。除此之外，还可通过框选来选中多个文本。

● 全选：按【Ctrl + A】组合键可进行全选，若想取消全选，在空白处单击即可。

选中文本后，按住鼠标左键并拖动即可移动文本。当然，在"字幕属性"模块中，调整"变换"中的位置参数也可以移动文本。

2）编辑文本内容

使用"文本工具"和"垂直文字工具"在已创建的字幕上单击即可再次编辑文本。值得注意的是，一个项目中往往包含了很多字幕，在编辑文本内容时，只能编辑在"项目"面板中选中的字幕中的文本，其他文本并不能编辑。

3）旋转文本

选中要旋转的文本，在"字幕工具"模块选择"旋转工具"，此时图标会变为，在窗口中按住鼠标左键并拖动即可旋转文本，如图 6 - 16 所示。

此外，使用"选择工具"选中文本后，将鼠标放置在文本框角点处，当光标变为时，按住鼠标左键进行拖动即可。

图 6 - 16　旋转文本

4）复制/粘贴文本

选中文本后，右击，在弹出的图 6 - 17 所示的快捷菜单中选择"复制"命令（或按【Ctrl + C】

组合键),复制文本,再次右击,在弹出的快捷菜单中选择"粘贴"选项(或按【Ctrl + V】组合键)即可粘贴刚刚复制的文本。当然,选中文本,按住【Alt】键的同时按住鼠标左键拖动也可以复制并粘贴文本。

5)删除文本

在窗口中选中文本,右击,弹出的快捷菜单中选择"清除"命令(或按【Delete】键)即可轻松地将文本删除。若想快速删除整个字幕中的文本,那么在"项目"面板中选中字幕,按【Delete】键将字幕删除即可。

4. 字幕选项栏

在编辑区输入文本后,可以在其选项栏对其进行编辑,字幕的选项栏如图6−18所示。对各选项的说明如下。

图 6 −17 弹出的菜单

图 6 −18 字幕选项栏

- "设置字体" Adobe ... :单击下拉按钮,可以进行文本字体的选择。
- "粗体" T :单击按钮可以使选中文本加粗。
- "斜体" T :单击按钮可以使选中文本倾斜。
- "字体大小" T 45.0 :用于设置文本大小,将鼠标放在右侧数值上,按住鼠标左键左右滑动即可缩小或放大选中文本,其中,数值越小、文本越小,数值越大、文本越大,当然也可直接输入数值。
- "行距" A :用于设置行与行之间的距离,将鼠标放在下面的数值上,按住鼠标左键上下滑动即可拉大或缩小行距,其中向上拖动是拉大行距,向下拖动是缩小行距,当然也可直接输入数值。
- "设置文本对齐" 按钮 :用来设置文本的对齐方式,分别是左对齐、居中对齐和右对齐,选中文本后,单击对应按钮即可按对应的方式对齐文本。
- "设置文本粗细" Regular :用来设置文本显示样式。
- "下画线" T 可以为文本添加下画线,单击按钮即可为选中的文本添加下画线。
- "字偶间距" VA 0.0 :用于调整字与字之间的距离,将鼠标放在右侧数值上,按住鼠标左键左右滑动即可拉大或缩小字距,其中向左拖动是缩小字距,向右拖动是拉大字距,当然也可直接输入数值。
- "滚动/游动选项" Regular :用于设置字幕的运动状态。

值得一提的是,在"字幕属性"面板中的"属性"模块也可以对文本进行相应的调整,如图6−19所示。

图 6 −19 "属性"模块

　　Premiere Pro 中自带了常用的基本字体，但在实际的设计应用中，需要更多的字体来满足不同的需求。这时，就需要自己来安装字库。安装字库方法如下：将准备好的字库复制到 C 盘 Windows 文件夹下的 Fonts 文件夹内，即可安装字库，重启 Premiere Pro 后即可应用字体。

5. 快速创建解说字幕

　　在生活中，电视、电影播放的时候，下方都有一系列的解说文本，如图 6－20 所示。在 Premiere Pro 中，执行"文件→新建→字幕"命令，会弹出"新建字幕"对话框，如图 6－21 所示。在对话框中设置"宽度""高度"等参数，单击"确定"按钮会弹出另一个"新建字幕"对话框，如图 6－22 所示。用于选择字幕类型，通常情况下会选择"开放式字幕"。单击"确定"按钮后，该字幕就会被添加至"项目"面板中。

图 6－20　动画片中的解说文本

　　在"项目"面板中双击字幕可以跳转至"字幕"面板。在"字幕"面板中可以键入文本，还可以更改字体、字体颜色、背景颜色等参数，如图 6－23 所示。将字幕添加至轨道上，即可看到效果，如图 6－24 所示。值得一提的是，在为文本更改颜色时，要先选中颜色选项，再使用后面的颜色块及吸管更改颜色。

图 6－21　"新建字幕"对话框 1

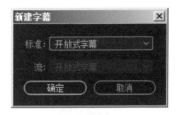

6－22　"新建字幕"对话框 2

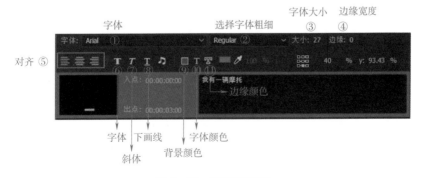

图 6－23　"字幕"面板

图 6 - 24　添加开放式字幕效果

实现步骤

Step1 打开 Premiere Pro 软件,新建项目,将项目命名为"【案例 15】为视频添加字幕",单击"确定"按钮,新建项目。

Step2 执行"文件→导入"命令(或按【Ctrl + I】组合键),导入图 6 - 25 所示的"航拍素材 . mp4"视频素材至"项目"面板中。

Step3 将视频素材拖动至"时间轴"面板中,以创建序列。

Step4 执行"字幕→新建字幕→默认静态字幕"命令,在弹出的"新建字幕"对话框中设置字幕名称为"2020 年",如图 6 - 26 所示。

航拍素材.mp4

图 6 - 25　视频素材"航拍素材"　　　　图 6 - 26　"新建字幕"对话框

Step5 在图 6 - 26 所示的对话框中单击"确定"按钮,打开"字幕"窗口。

Step6 在窗口中选择"文字工具" ⊤,在编辑区中单击,出现闪烁的光标时输入文本"这是 2020 年的北京",如图 6 - 27 所示。

Step7 在"快速设置样式"区域设置字体为"宋体"、大小为 80%。并使用"选择工具" ▶ 移动文本至图 6 - 28 所示的位置。单击"水平居中"按钮 ⊡。

图 6 – 27 输入文本   图 6 – 28 设置字体及位置

Step8 关闭"字幕"窗口,此时,"2020 年"字幕已经被添加到项目面板中,选中字幕,将其添加至 V2 轨道上,效果如图 6 – 29 所示。

图 6 – 29 将字幕添加至轨道上

Step9 按照 Step4 ~ Step8 的方法,再次创建 3 个字幕,文本名称及内容如图 6 – 30 所示。并依次添加至 V2 轨道上,如图 6 – 31 所示。

图 6 – 30 字幕名称及相应内容

图 6 – 31 V2 轨道上的素材

Step10 执行"文件→导入"命令(或按【Ctrl + I】组合键),导入"M15. mp3"音频素材至"项目"面板中。

Step11 将音频素材添加至 A1 轨道上,选中音频素材,在 26 秒 3 帧的位置添加编辑点,删掉音频的后半段素材,使之与视频素材长度一致,如图 6 – 32 所示。

图 6 – 32　删除音频片段

Step12　按【Ctrl + S】组合键保存项目,并将项目打包至指定文件夹。

6.2　【案例 16】为舞台添加弯曲渐隐文本

　　综艺节目中总会出现一些显示一下即消失的文字,本案例将制作一个为舞台添加弯曲的字幕,并渐显渐隐,通过本案例的学习,读者能够掌握如何创建路径文本及字幕效果的编辑。

案例16

效果展示

　　本案例是在视频的基础上,添加一个弯曲的字幕,字幕渐显再渐隐消失。

　　扫一扫二维码查看案例具体效果。

案例分析

　　本案例包含 1 个图像素材,1 个视频素材,在制作的时候可以将其分为 3 部分,具体如下。

1. 设置字幕背景

　　在字幕背景中,图像素材作为舞台背景要放置在下方,而视频素材放置在上方,但由于视频素材是带有绿幕背景的,因此首先需要将绿幕清除;再选取视频中含有“你问我爱你有多深,我爱你有几分”音频的片段,清除其余素材片段;最后将字幕背景的持续时间设置为与裁剪后的视频素材长度一致。

2. 创建路径文本

　　这部分主要是使用路径文本工具创建路径文本,按照路径文本工具的使用方法创建即可。

3. 设置字幕动画

　　这部分是为字幕添加动画效果,涉及动画就需要添加关键帧,因此这部分主要是使用关键帧来制作动画。

必备知识

1. 创建路径文本字幕

　　路径文本是指创建在路径上的文本,文本会沿着路径排列。当改变路径形状时,文本的排列方式也会随之改变。在“字幕”窗口中,共有两个用于创建路径文本的工具,一个是“路径文本工具” ,另一个是“垂直路径文本工具” ,二者在显示上有一定区别,但在使用方法上并无区别,如图 6 – 33 和图 6 – 34 所示。在“字幕”窗口中选中“路径文本工具”

，将鼠标移动至编辑区中，此时，光标会变成钢笔形状，在编辑区的所需位置单击，即可确定第一个锚点，移动鼠标，在另一个位置再次单击，即可形成一条路径，即文本路径（其具体使用方法与绘制贝塞尔曲线的方法一致）。此时直接输入文本，文本就会沿着路径排列。

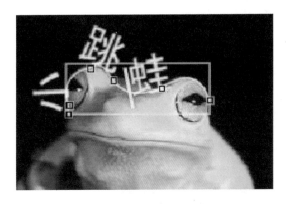

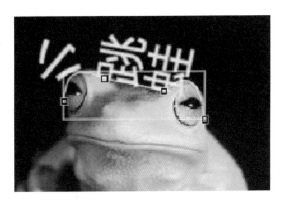

图 6 – 33　路径文本工具　　　　　　　　　　图 6 – 34　垂直路径文本工具

2. 字幕效果的编辑

由于字幕的背景颜色不一，可能会使字幕展示不清晰，如图 6 – 35 所示。因此为字幕添加一系列效果会使字幕显示效果更好，如图 6 – 36 所示。

图 6 – 35　无效果　　　　　　　　　　　　图 6 – 36　有效果

在 Premiere Pro 中，字幕的效果在"字幕属性"面板中，包括"填充""描边""阴影""背景"，如图 6 – 37 所示。每个效果前面都有一个空心的方框![image]，单击即可勾选效果并将其添加至选中的文本上，下面对这几个效果进行逐一介绍。

1）填充

单击"填充"前方的箭头图标![image]，即可打开填充的参数，如图 6 – 38 所示。"填充"模块可以为指定的文本或图形设置"填充类型""颜色""不透明度"等参数，其中，"填充类型"的下拉列表中提供了"实色""线性渐变""放射渐变"等 7 种类型，如图 6 – 39 所示；颜色是用于设置文本或图形的色相，可以单击后面的色块打开"拾色器"对话框，在对话框中选择指定颜色，如图 6 – 40 所示，也可以使用后面的吸管工具吸取某一位置的颜色。

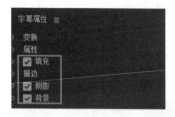

图 6 - 37　字幕效果

图 6 - 38　填充

图 6 - 39　填充类型

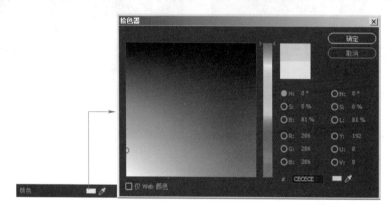

图 6 - 40　"拾色器"对话框

不透明度用于设置填充色的不透明度；勾选"光泽"选项，可以为文本或图形添加一条线，对比如图 6 - 41 和图 6 - 42 所示，当然，可以在"光泽"下方设置一些相应的参数，如颜色、不透明度、大小等，如图 6 - 43 所示，对应的效果如图 6 - 44 所示；勾选"纹理"选项，可以为文本设置纹理效果，如图 6 - 45 所示，在为文本添加纹理时，需要在"纹理"选项处置入纹理，如图 6 - 46 所示。同"光泽"一样，在其下方也可以设置其相关的参数。

图 6 - 41　未勾选"光泽"

图 6 - 42　勾选"光泽"

6 - 43　"光泽"参数

图 6 - 44　光泽效果

图 6 - 45　"纹理"效果

图 6 - 46　"纹理"参数

2）描边

"描边"可以为文本或图形添加描边，在 Premiere Pro 中，提供了"内描边"和"外描边"两个选项，如图 6-47 所示。在对应的选项右侧单击"添加"，即可添加对应的描边效果。添加描边后，可以在下面的参数中设置描边效果，如"类型""大小"等，如图 6-48 所示，对应的效果如图 6-49 所示。

图 6-47 "内描边"和"外描边"　　　　　　图 6-48 描边参数

图 6-49 对应的效果图

3）阴影

"阴影"用于为文本或图形添加投影。在"阴影"模块中，可以设置投影的颜色、不透明度、角度等参数，如图 6-50 所示，所对应的效果如图 6-51 所示。

图 6-50 "阴影"参数　　　　　　图 6-51 对应效果

4）背景

"背景"模块主要为字幕或图形添加背景效果，参数设置与"填充"一致，此处不再赘述。

 实现步骤

1. 设置字幕背景

Step1 打开 Premiere Pro 软件，新建项目，将项目命名为"【案例 16】为舞台添加弯曲渐隐文本"，单击"确定"按钮，新建项目。

Step2 执行"文件→导入"命令（或按【Ctrl + I】组合键），导入图 6-52 所示的"舞台背景.jpg"图像素材和"歌手.mov"视频素材至"项目"面板中。

Step3 将图像素材添加至"时间轴"面板中,以创建序列。

Step4 再将视频素材添加至 V2 轨道中,画面效果如图 6－53 所示。

舞台背景.jpg　　　　　歌手.mov

图 6－52　素材

图 6－53　画面效果

Step5 使用"效果"面板中的"超级键"特效,将绿幕背景清除,效果如图 6－54 所示。

Step6 将视频素材放大至 130%,并将其移动到合适位置,如图 6－55 所示。

图 6－54　清除绿幕

图 6－55　移动视频素材

Step7 在"时间轴"面板中选中视频素材,分别在 7 秒 7 帧和 20 秒 13 帧的位置添加编辑点,并删除前后两个片段以及波纹,如图 6－56 所示。

Step8 将图像素材的持续时间设置为 13 秒 6 帧,使其与视频素材长度一致,如图 6－57 所示。

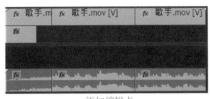

添加编辑点　　　　　　　删除片段及波纹

图 6 – 56　删除片段及波纹

6 – 57　更改图像素材的持续时间

2. 创建路径文本

Step1 执行"字幕→新建字幕→默认静态字幕"命令,在弹出的"新建字幕"对话框中设置字幕名称为"路径字幕",单击"确定"按钮,打开"字幕"窗口。

Step2 在"字幕"窗口中选择"路径文本工具" ,将鼠标移动至编辑区的安全字幕边距的边缘,当光标变成 时单击,确定第 1 个锚点,如图 6 – 58 所示。

Step3 在第 1 个锚点的右下方按住左键并拖动,创建第 2 个锚点,如图 6 – 59 所示。

图 6 – 58　确定第 1 个锚点　　　　　图 6 – 59　添加锚点 1

Step4 在右上方与第一个锚点平齐的位置添加第三个锚点,如图 6 – 60 所示。

Step5 输入"吉他弹唱"文本,设置字体为"华文琥珀"并设置填充颜色为黄色(RGB:214、150、45),如图 6 – 61 所示。

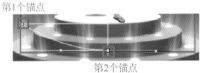

图 6 – 60　添加第 3 个锚点

Step6 为文本添加光泽效果,参数设置及对应效果如图 6 – 62 和图 6 – 63 所示。

图 6 – 61　输入文本　　　　图 6 – 62　光泽参数　　　　图 6 – 63　光泽效果

Step7 为文本添加外描边效果,参数设置及对应效果如图 6 – 64 和图 6 – 65 所示。

图 6-64 外描边参数

图 6-65 外描边效果

Step8 为文本添加阴影效果,参数设置及对应效果如图 6-66 和图 6-67 所示。

图 6-66 投影参数

图 6-67 阴影效果

3. 设置字幕动画

Step1 将"路径字幕"添加至 V3 轨道上,并设置其持续时间为 13 秒 6 帧。

Step2 在"效果"面板中选中"块溶解"特效,将其添加至字幕上。

Step3 将时间滑块放置在最前方,在"效果控件"面板中单击"过渡完成"前方的"切换动画"按钮 ,添加第一个关键帧,并设置"过渡完成"为 100%。

Step4 将时间滑块定位在 6 秒的位置,添加关键帧,并设置"过渡完成"为 0%。

Step5 按照 Step4 的方法,在 12 秒的位置添加关键帧,并设置"过渡完成"为 100%。

Step6 按【Ctrl + S】组合键保存项目,并将项目打包至指定文件夹。

6.3 【案例 17】制作歌词字幕效果

人们在看电视、电影看到结尾的时候会看到演员表或是在看视频的时候看到一些弹幕,在 Premiere Pro 中可以建立这样的效果。前两节讲解了创建静态字幕,本案例将制作一个歌词随着音乐滚动的效果,通过本案例的学习,读者能够掌握如何创建运动字幕。

效果展示

案例17

音乐逐渐响起,当歌手声音出现时,字幕开始滚动,到演唱快结束时,字幕停在结尾不动。

扫一扫二维码查看案例具体效果。

案例分析

本案例包含 1 个视频素材,1 个音频素材,其中视频素材作为背景,音频素材作为背景音乐,音频与字幕适当匹配。在制作字幕时,需要在演唱之前和演唱即将结束时将字幕设置为静止,这就要计算音乐的预卷和过卷时间。在音频素材中,27 秒 5 帧之前均是纯音乐,该视频素材的帧速率为 30 fps,因此需要在字幕开始之前静止 815 帧,即设置预卷为 815。同理,字幕从 2 分 43 秒 19 帧的位置开始静止,音频结束是在 2 分 59 秒 14 帧,中间间隔 15 秒 25 帧,因此需要设置过卷时间为 475 帧。然后将视频、音频与字幕长度调整一致即可。

必备知识

1. 创建运动字幕

运动字幕是指字幕本身就可以运动,通常用于片头或片尾。在 Premiere Pro 中涵盖了两种运动字幕,分别是游动字幕和滚动字幕。其中滚动字幕是指垂直运动的字幕,游动字幕是指水平运动的字幕。具体使用方法如下。

执行“字幕→新建字幕→默认滚动字幕/默认游动字幕”会弹出“新建字幕”对话框,在对话框中设置参数后单击“确定”按钮后,即可打开“字幕”窗口。使用文本工具输入文本后,在选项栏中单击“滚动/游动选项”按钮▦,会弹出“滚动/游动选项”对话框,如图 6 – 68 所示。

在对话框中包含了“字幕类型”和“定时(帧)”两个选项,而每个选项中又有不同的参数,具体解释如下。

图 6 – 68 “滚动/游动选项”对话框

- 静止图像:将字幕设置为静态字幕。
- 滚动:将字幕设置为垂直滚动。
- 向左滚动:将字幕设置为从左向右滚动。
- 向右滚动:与“向左滚动”相反,是将字幕设置为从右向左滚动。
- 开始于屏幕外:勾选该复选框时,是将字幕设置为开始时完全从屏幕外滚进。
- 结束于屏幕外:勾选该复选框时,是将字幕完全滚出屏幕。
- 预卷/过卷:用于设置字幕开始/结束时在画面停留的帧数。
- 缓入/缓出:用于设置字幕的速度,在对应的参数下方输入数值,即可使字幕出现/结束时速度变慢,而不是突然出现、突然消失。

2. 创建图形

在“字幕”窗口中可以创建多种多样的图形,打开“字幕”窗口后,在字幕工具中可以看到图形工具,如图 6 – 69 所示。

在图形工具中,“钢笔工具”“删除锚点工具”“添加锚点工具”“转换点工具”相结合,可以创建自由图形,如图 6 – 70 所示。

图 6 – 69　图形工具

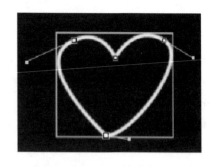

图 6 – 70　创建自由图形

其余图形可以创建与图标效果一致的图形，如图 6 – 71 所示。值得一提的是，若想更改这些图形的颜色、样式等参数，可以在"字幕属性"面板里面进行调整。

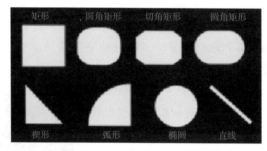

图 6 – 71　形状

✒ 实现步骤

Step1 打开 Premiere Pro 软件，新建项目，将项目命名为"【案例 17】制作歌词字幕效果"，单击"确定"按钮，新建项目。

Step2 执行"文件→导入"命令（或按【Ctrl + I】组合键），导入图 6 – 72 所示的"背景 . mp4"视频素材至"项目"面板中。

Step3 将视频素材添加至"时间轴"面板中，以创建序列，并去除视频中的音频。

Step4 执行"字幕→新建字幕→默认滚动字幕"命令，在弹出的"新建字幕"对话框中设置名称为"歌词"，如图 6 – 73 所示。单击"确定"按钮，打开"字幕"窗口。

Step5 在"字幕工具"中选择"文本工具"🅣，在编辑区中单击。打开文本素材"歌词 . txt"，将它复制到编辑区，如图 6 – 74 所示。

Step6 使用"选择工具"▶选中文本，设置字体为"黑体"、字体大小为 45、行距为50，单击"居中"按钮▤，将文本居中。

Step7 在"字幕动作"中单击"水平居中"按钮▣，使文本在画面中央，如图 6 – 75 所示。

Step8 在"字幕"窗口中单击"滚动/游动选项"按钮▦，在弹出的"滚动/游动选项"对话框中选中"滚动"，并设置"预卷"和"过卷"的数值依次为 815 和 475，如图 6 – 76所示。

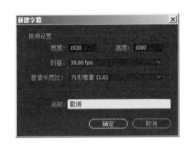

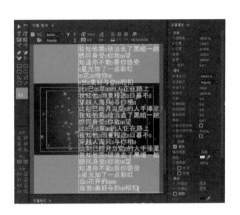

6-72　视频素材　　图 6-73　"新建字幕"对话框　　　　图 6-74　拷贝文本

背景.mp4

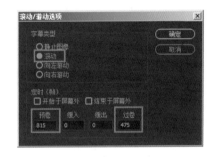

图 6-75　调整文本位置　　　　　　图 6-76　"滚动/游动选项"对话框

Step9 关闭"字幕"窗口,将字幕素材添加至 V2 轨道上。

Step10 执行"文件→导入"命令(或按【Ctrl + I】组合键),导入"M17. mp3"音频素材至"项目"面板中。并将其添加至 A1 轨道中,将音频后面无声音的片段删除。

Step11 设置歌词的持续时间为 2 分 59 秒 14 帧,并将视频素材后面多余的片段删除,使其与音频长度一致。

Step12 按【Ctrl + S】组合键保存项目,并将项目打包至指定文件夹。

拓展案例

通过所学知识,制作视频下方的游动字幕效果。

扫一扫二维码查看案例具体效果。

拓展案例

第7章
设置音频

 学习目标

◆ 了解声道,并学会如何查看音频。

◆ 掌握如何调整音频,并能够为音频添加合适的特效。

通常情况下,每个视频中都有其匹配的音频。人类能够听到的所有声音都称为音频,包括噪声。声音被录制下来以后,无论是说话声、歌声、乐器都可以通过软件进行处理。本章将带领读者掌握如何在 Premiere Pro 软件中设置音频。

7.1 【案例18】为独白添加背景音乐

在剧情中,独白是自己与自己说话。但是独白的背后往往有一段声音不大的配乐,以烘托气氛。本案例将为一段独白添加背景音乐。通过本案例的学习,读者能够了解声道、理解如何查看音频、掌握如何调整音频等知识点。

效果展示

案例18

本案例是在有人说话的时候背景音乐声音变小,而无人说话时,背景声音变大的效果。

扫一扫二维码查看案例具体效果。

 案例分析

本案例包含2个音频素材,一段素材为独白,另一段则作为背景音乐。制作之前先仔细聆听、观察独白音频,在人开始说话的位置添加一个标记;然后将标记后面的背景音乐的片段音量调小,再删除后面多余的片段,使独白中的人声突出;在制作的过程中,若音频中有生硬感,可以添加音频过渡的效果来降低生硬的感觉。

✎ 必备知识

1. 认识声道

在录音的时候,设备一般会将音频信号分为两个声道,即左声道和右声道。左声道即电子设备中模拟人类左耳的听觉范围产生的声音输出,一般是把相关的低音频区信号压缩后进行播放;而右声道则相反,一般是将相关的中、高音频区信号压缩后进行播放。

在播放音频的时候,通过两个声道的播放能营造成一种立体的感觉,也就是立体声。立体声不仅可以使音质得到改善,还可以使声音的方向感加强。值得一提的是,在使用设备进行拍摄时,一般情况下录制的都是单声道,因为声音只在一处传出,但有的设备会将单声道转换为双声道,有的设备则不会进行转换,将其添加到轨道上后并不影响查看与编辑。

2. 查看音频

查看音频能够帮助我们更好地了解音频,如哪些地方声音大,哪些地方声音小。在 Premiere Pro 中可以查看音频的波形,还能查看音频的具体音量,具体解释如下。

1)查看音频波形

将音频素材导入“项目”面板后,在“源”面板中可以查看每个声道的波形,波形越高,声道的音量越大,如图 7 - 1 所示。在图 7 - 1 中,存在两个声道,上面为左声道,下面为右声道,也就证明该音频为立体声的音频。在“源”面板中查看音频时,与时间轴一样可以放大和缩小。在面板的右侧和下侧,有放大音频的滑块,上下/左右拖动滑块就可以放大或缩小音频波形的显示。

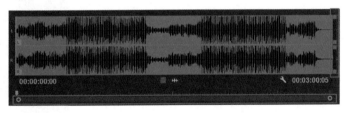

图 7 - 1　音频波形

值得注意的是,将音频添加至轨道后,音频的波形显示会有些不一样,这是因为被添加到轨道上的音频是被调整后的波形。在轨道中更容易查看较低音量的音频,如图 7 - 2 所示。

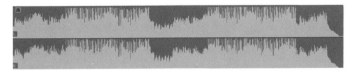

图 7 - 2　轨道中音频波形

2)查看声道音量

虽然在查看波形时能看到各声道的音量大小,但并不是很直接。这时候,可以在“音频主控”面板中查看。当有声音出现时,在“音频主控”面板中就会显示颜色块波动,默认是上下波动,颜色块波动得越高,说明其对应的声道音量越大,如图 7 - 3 所示。

用户也可以放大"音频主控"面板,效果如图 7 - 4 所示。其中上方为左声道,下方为右声道,当有声音出现时,颜色块会左右波动。此时,颜色块越长,代表其对应的声道音量越大。

图 7 - 3 "音频主控"面板

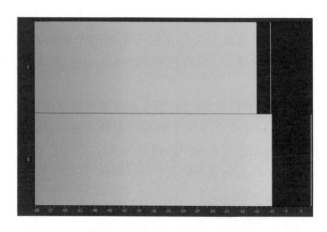

图 7 - 4 放大显示"音频主控"

在"音频主控"面板中有相应的刻度,这些刻度是音频素材的音量值,单位是 dB,一般情况下,主要声音一般为 - 12 ~ - 6 dB,不会超过 0 dB;次要声音在 - 12 dB 就可以达到峰值。

3. 音频剪辑混合器

音频剪辑混合器可以直观地调整多个音频的音量,还可以设置关键帧。"音频剪辑混合器"面板默认在控制区中,若误关了该面板,执行"窗口→音频剪辑混合器"命令(或按【Shift + 9】组合键),即可调出该面板。在"音频剪辑混合器"面板中有多个混合器,如图 7 - 5 所示。这是因为 Premiere Pro 中有多个默认的音频轨道,音频剪辑混合器是与音频轨道相对应的,在"时间轴"面板中有多少个音频轨道,"音频剪辑混合器"面板中就有几个混合器。

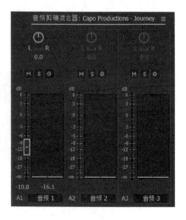

图 7 - 5 音频剪辑混合器

在混合器中有很多参数,如声道调整、静音轨道、独奏轨道、写入关键帧等,如图 7 - 6 所示。对这些常用的参数具体介绍如下。

● 声道调整:该参数可以调整声道平衡比例。在"声道调整"参数中,有一个类似仪表盘的图标 ，将鼠标放置在上方,当光标变成 时,按住鼠标左键左右拖动,当图标中的指针偏左,说明左声道音量大,指针偏右,则说明右声道音量大。当然,在下方输入数值也可以调整声道音量,区间为 - 100 ~ 100,数值为负数时,声音偏向左声道;数值为 0 时,说明声音均衡;数值为正数时,声音偏向右声道。当单击"左声道"图标 ，即数值为 - 100 时,代表右声道音量为 0;当单击"右声道"图标 ，即数值为 100 时,代表左声道音量为 0,观察右侧的颜色块即可得知,如图 7 - 7 所示。

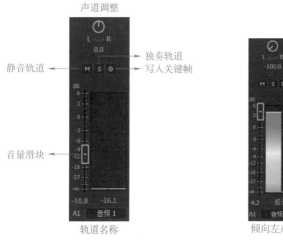

图7－6　混合器参数　　　　　　　　图7－7　色块显示

● 静音轨道：使音频静音，单击该按钮后，即可使该音频的声音被隐藏。选中某个轨道，在"轨道控制区"内单击"静音轨道"按钮 ，则该轨道中的音频将不被播放。

● 独奏轨道：和静音轨道的作用一样，都是用于隐藏音频，值得注意的是，当单击某个轨道的"独奏轨道"按钮时，则会隐藏其他轨道的声音。同理，选中某个轨道，在"轨道控制区"内单击"独奏轨道"按钮 ，则时间轴中其余音频轨道中的音频将被隐藏。

● 写入关键帧：用于设置音频关键帧，通常与"音量滑块"配合使用。在"时间轴"面板中，将音频轨道调高，可以看到一条线，如图7－8所示。在混合器中单击该按钮 ，在播放音频的时候，滑动音量滑块，即可写入关键帧，如图7－9所示。

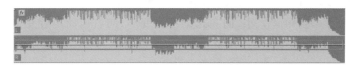

图7－8　音频上的关键帧显示线

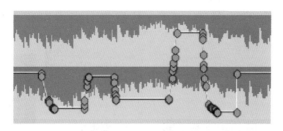

图7－9　写入关键帧

在"轨道控制区"中利用"添加/移除关键帧"按钮 可以添加或移除关键帧。在时间轴中添加关键帧与在混合器中添加关键帧的区别是，在混合器中添加关键帧可以边播放边添加。

● 音量滑块：用于调整音频的音量，当滑块向上滑动时，音量增大；当滑块向下滑动时，音量降低。该滑块与图7－10所示的数值相对应，因此，既可以直接移动滑块，也可以直接输入数值；

● 轨道名称:用于显示音频轨道的名称,在名称上左击,即可更改音频轨道的名称,修改之后,"时间轴"面板中的轨道名称也随之改变。

 脚下留心:

当一个音频轨道中存在多个音频素材时,时间滑块处在哪个音频素材上,混合器就会调整哪个音频。当时间滑块处于无任何音频素材的区域,混合器则不可使用,在图 7 - 11 中,只能调整 A3 轨道上的素材。

图 7 - 10　音量滑块对应数值

图 7 - 11　不能调整的轨道

4. 在"效果控件"面板中调整音频

在"效果控件"面板中也可以调整音频的音量、声道音量及声道平衡,具体讲解如下。

● 音量:用于调整素材中音量大小,也就是选中素材的组合音量。其中"旁路"用于清除音频上的效果,勾选"旁路",则会停用在音频中使用的效果,这个功能可以用来做效果前后的对比。"级别"用于调整声音大小,向左拖动声音变小,向右拖动声音变大。

● 声道音量:声道音量用于调整素材中左、右声道的声音大小。向左拖动声音变小,向右拖动声音变大。

● 声像器:声像器用于平衡左、右声道音量大小,其中,向左拖动(负数)是指将左声道声音增高,右声道声音降低;向右拖动(正数)是指将右声道声音增高,左声道声音降低。如图 7 - 12 所示。

声像器　　　　　　　　　　　　声道对比

图 7 - 12　声像器与声道对比

多学一招：在轨道上快速调整音频音量

　　将轨道调高后，即可看到一条线，将鼠标放置在线上，当光标变成 时，如图 7 – 13 所示，上下拖动即可调整对应的音频音量，其中向上调整是调高音量，向下调整是调低音量。

图 7 – 13　在轨道上调整音频音量

5. 音频过渡

　　添加音频过渡可以降低音频在突然出现或结束时的生硬感。与"视频过渡"使用方法一致。在"效果"面板中，可以看到"音频过渡"文件夹，如图 7 – 14 所示。在"音频过渡"下方只有一个"交叉淡化"，而里面包含了 3 个过渡效果，依次是"恒定功率""恒定增益""指数淡化"。对这几个过渡效果的讲解如下。

　　● 恒定功率：该效果可以使音频素材的音量以逐渐减弱的方式过渡到下一个音频素材，此效果为默认的音频过渡效果。

　　● 恒定增益：该效果与"恒定功率"效果相反，是使音频素材的音量以逐渐增强的方式过渡到下一个音频。

　　● 指数淡化：该效果是使音频素材以淡入淡出的方式进行过渡，通常被用在音频素材的开头或结尾。

实现步骤

　　Step1　打开 Premiere Pro 软件，新建项目，将项目命名为"【案例 18】为独白添加背景音乐"，单击"确定"按钮，新建项目。

　　Step2　执行"文件→导入"命令（或按【Ctrl + I】组合键），导入"M18-1. m4a"和"M18-2. mp3"音频素材至"项目"面板中。

　　Step3　将"M18-1. m4a"音频素材拖动至"时间轴"面板中，创建序列。

　　Step4　将时间滑块定位在 1 秒 21 帧的位置，执行"标记→添加标记"命令（按【M】键）添加标记，如图 7 – 15 所示。

图 7 – 14　音频过渡

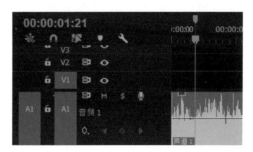

图 7 – 15　添加标记

　　Step5　将"M18-2. mp3"音频素材添加至 A2 轨道中，选中该音频素材，在标记的位置添加编辑点，如图 7 – 16 所示。

Step6 按【↓】键,将时间滑块定位在 A1 轨道素材尾部编辑点,再次在 A2 轨道上添加编辑点,并删除后面的片段。

Step7 将时间滑块定位在 A2 轨道素材的第二个片段上,如图 7 – 17 所示。

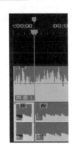

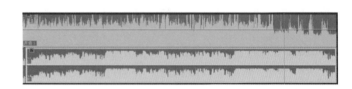

图 7 – 16 在标记位置添加编辑点 　　　　图 7 – 17 定位时间滑块

Step8 在"音频剪辑混合器"中,滑动 A2 混合器的音量滑块至 – 20,如图 7 – 18 所示

Step9 在"效果"面板中找到"恒定功率"效果,将其添加至 A2 轨道上的第一段与第二段片段之间,如图 7 – 19 所示。

图 7 – 18 调整音量滑块 　　　　图 7 – 19 添加音频过度

Step10 按【Ctrl + S】组合键保存项目,并将其打包至指定文件夹中。

7.2 【案例 19】为音频添加空间感效果

在音乐软件中听歌或听音频的时候,这些声音往往是经过一些处理的,使其有一定的空间感,从而能够增加音频的氛围。本案例将为音频添加空间感效果,通过本案例的学习,读者能够熟悉"音轨混合器"面板,并能够掌握如何调整音频增益与设置音频特效等知识点。

案例19

✕ 效果展示

本案例是模拟在空旷的房间里清唱的效果,再为清唱匹配音乐。

扫一扫二维码聆听案例具体效果。

✕ 案例分析

本案例共包含 2 个音频素材,其中一个是伴奏,另一个是与伴奏对应的清唱,清唱的歌声为普通手机录制的人声。在为歌声添加空间感之前,需要先将其与伴奏匹配上。匹配好两段音频之后,再为人声添加音频特效使其具有空间感。

 必备知识

1. 音轨混合器

"音轨混合器"和"音频剪辑混合器"的作用类似,但前者是针对音频轨道中的所有素材进行调整,后者是针对音频素材进行调整。需要调整整个音频轨道素材上的音量时,可使用"音轨混合器"。执行"窗口→音轨混合器"命令,打开"音轨混合器"面板,如图 7 - 20 所示。

在"音轨混合器"中也可以自动写入关键帧,相较于"音频剪辑混合器","音轨混合器"的写入关键帧这一功能更加便捷。单击"自动模式"下拉按钮,即可看到下拉菜单,如图 7 - 21 所示。

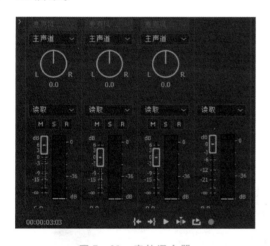

图 7 - 20 音轨混合器 　　　　　　　　　图 7 - 21 "自动模式"下拉菜单

● 关:该模式就是既不读取、也不写入关键帧。在写入一系列关键帧后,选择该模式,则关键帧会不起效果。

● 读取:该模式不能写入任何关键帧,当音频轨道中存在关键帧,在播放到关键帧时,音量滑块会跟随关键帧上下滑动,该模式为系统默认模式。

● 闭锁:该模式可以自动写入关键帧。在写入关键帧时,音量滑块不会自动归位(最开始的基准点即音频原有音量大小)而是停留在某位置;当暂停播放,停止写入关键帧时,最后一帧会瞬间自动归位,如图 7 - 22 所示。

● 触动:该模式也用于自动写入关键帧,在写入关键帧的最后一帧时,音量滑块会缓慢自动归位,如图 7 - 23 所示。

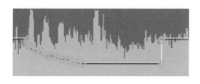 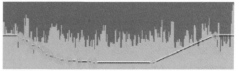

图 7 - 22 瞬间自动归位 　　　　　　　　　图 7 - 23 缓慢归位

● 写入：该效果也可以自动写入关键帧，与"闭锁"类似，但当停止写入时，会自动切换为"触动"模式。当再次播放音频时，选择"闭锁"，滑块会跟着关键帧上下移动；选择"写入"时，音量滑块不动，关键帧会自动归位，可消除轨道上的大量关键帧，如图 7 – 24 所示。

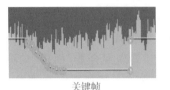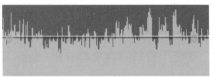

关键帧　　　　　　　　　　　　再次播放后

图 7 – 24　关键帧自动归位

在使用"音轨混合器"之前，需要将关键帧切换到"轨道关键帧"，才能显示写入的关键帧。将音轨调高，在"轨道控制区"中，单击"显示关键帧"按钮 ，在弹出的菜单中选择"轨道关键帧→音量"选项，如图 7 – 25 所示。此时，关键帧会显示在素材之外，如图 7 – 26 所示。

图 7 – 25　选择"轨道关键帧"

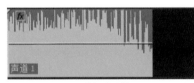

剪辑关键帧　　　　　　　　　　　轨道关键帧

图 7 – 26　轨道关键帧

注意：若想对音频素材进行编辑，则需要切换为"剪辑键帧"。

2. 调整音频增益

音频增益的主要作用是在调整音频音量大小的同时调整音频的波形，当音频素材声音过大或过小，以及多个拼接的音频音量不统一的情况下，调整音频增益后，效果会更好。在"时间轴"面板中选中素材，右击，在弹出的快捷菜单中选择"音频增益"选项，如图 7 – 27 所示。

此时，会弹出"音频增益"对话框，如图 7 – 28 所示。在对话框中有 4 个可以设置的选项和 1 个不可设置的选项。这些选项分别是"将增益设置为""调整增益值""标准化最大峰值为""标准化所有峰值为""峰值振幅"，具体介绍如下。

● 将增益设置为：用于设置音频的音量值，如在此处输入 8，则选中音频的音量值为 8。在"时间轴"面板中可以查看波形的变化，如图 7 – 29、图 7 – 30 所示。

图 7-27 选择"音频增益"选项

图 7-28 "音频增益"对话框

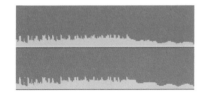

图 7-29 调整增益前

图 7-30 调整增益后

- 调整增益值:该选项主要是在原来的基础上调整增益值,如原来的增益为 6 dB,如图 7-31 所示,则在此处输入 2,则选中素材的增益值就是 8,如图 7-32 所示。

图 7-31 增益值为 6

图 7-32 调整增益值为 2

- 标准化最大峰值为:该选项可以设置音频中最大峰值的音量大小,调整峰值前后效果对比如图 7-33、图 7-34 所示。

图 7-33 峰值为 -13 时

图 7-34 峰值为 0 时

- 标准化所有峰值为:该选项用于设置针对两个音频素材以上的峰值,选中多个音频设置该选项,如图 7-35 所示,则可使多个音频的峰值统一,如图 7-36 所示。该项通常用于在多个音频音量大小不同的情况下,统一到标准音频。

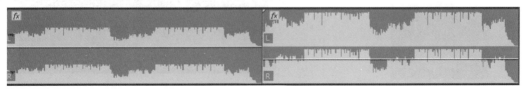

图 7-35 音量不等的两个素材

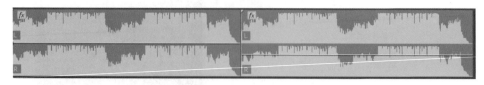

图 7 – 36　标准化所有峰值

● 峰值振幅:该选项主要用于查看原有音频偏离标准的值,音频的标准是 0 dB,在该选项中,数值是正数代表声音偏大,是负数代表声音偏小。

3. 常用的音频特效

在 Premiere Pro 中有多种音频特效,这些特效可以产生回声、和声的效果,并且能够去除一部分噪声。音频特效与视频特效的使用方法一致,在"效果"面板中,打开"音频效果"即可看到一系列选项,如图 7 – 37 所示。对这些效果的介绍如下。

1)用于消除噪声的特效

在 Premiere Pro 中,有多种用于消除噪音的特效,如"自适应降噪""高通""低通"等,具体介绍如下。

● 自适应降噪:用于音频的快速降噪,将它应用到音频素材上,在"效果控件"面板中可以看到其参数面板,如图 7 – 38 所示。单击"编辑"按钮,打开"剪辑效果编辑器"对话框,如图 7 – 39 所示,在对话框中可以设置降噪方式,如"弱降噪""强降噪"等。

图 7 – 37　音频特效

图 7 – 38　"自适应降噪"参数面板

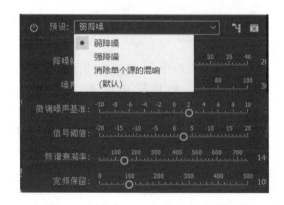

图 7 – 39　"剪辑效果编辑器"对话框 1

● "高通"和"低通":"高通"用于消除低于指定频率的所有频率,而"低通"用于消除高

于指定频率的所有频率,将特效添加至音频素材上,即可在"效果控件"面板中看到相对应的
参数面板,如图 7 - 40 所示(此处添加的是"高通"特效),在参数面板中"屏蔽度"可以指定频
率值,单位是 Hz。也就是说,消除了音频素材中低于 1 373.5 Hz 以下的所有频率。在实际生
活中"高通"和"低通"可以搭配使用。

● 带通:用于消除指定值附近的频率。将特效添加至音频素材上,在"效果控件"面板中
即可看到其面板参数,如图 7 - 41 所示。设置"中心"可以指定频率值;"Q"用于调整被指定
值周围的频率,Q 值越高,选择的频率越精确。

图 7 - 40　"高通"参数面板

图 7 - 41　"带通"参数面板

● 多频段压缩器:该特效可以对 4 种频段进行单独控制,还可以设置其预设效果,从而达
到降噪的目的。将特效添加至音频素材上,在"效果控件"面板中即可看到其面板参数,如图
7 - 42 所示。单击"编辑"按钮,弹出"剪辑效果编辑器"对话框,如图 7 - 43 所示。在对话框
中可以设置不同的预设效果。

图 7 - 42　"多频段压缩器"参数面板

图 7 - 43　"剪辑效果编辑器"对话框 2

2)为音频添加混响

为音频添加混响,混响是回声的一种特殊形式,声波在某一空间内传播时不断被反射,
在声源结束后还会有声音的感觉,在 Premiere Pro 中,可以添加混响的特效有多种,下面对常
用的混响效果进行介绍。

● Convolution Reverb(卷积混响)和 Surround Reverb(环绕声混响):这两者通常用于模拟
在不同类型的环境中感知声音的方式,如在遥远的地方、舞台上等。当添加任意一个效果
后,在"效果控件"面板中可以看到其对应的参数面板,如图 7 - 44 所示(此处选择的是"环绕
声混响"特效)。在参数面板中单击"编辑"按钮,打开"剪辑效果编辑器"对话框,如

图 7-45 所示。在对话框中单击"预设"下拉按钮,在下拉菜单中选择需要的效果,播放音频即可听到对应效果的音频,找到合适效果后关闭对话框即可。

● "延迟"和"多功能延迟":用于为音频添加回声效果,"延迟"可以为音频添加一次回声,而"多功能延迟"可以为回声添加最多4次回声,且可以设置回声的级别大小。参数面板对比如图 7-46、图 7-47 所示。

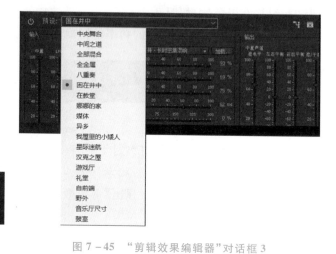

图 7-44 "环绕声混响"参数面板

图 7-45 "剪辑效果编辑器"对话框 3

图 7-46 "延迟"参数面板

图 7-47 "多功能延迟"参数面板

● "低音"和"高音":这两种效果可以调整音频的音调。其中"低音"效果针对音频里较低范围的频率进行处理,可以增强或减弱低音效果;而"高音"效果是针对音频中较高范围的频率进行处理。

3)为音频添加趣味性

为音频添加趣味性主要是给原有音频素材添加变声或信号中断的效果等,在 Premiere Pro 中常用的变声特效包括"音高换挡器"和"失真"(Distortion)等,具体介绍如下。

● 音高换挡器:该特效可以为音频变声,在其参数面板中单击"编辑"按钮,弹出"剪辑效果编辑器"对话框,如图 7-48 所示。在对话框中选择需要的预设。

• 失真（Distortion）：该特效可以模拟信号中断的效果，在其参数面板中单击"编辑"按钮，弹出"剪辑效果编辑器"对话框，如图7-49所示。

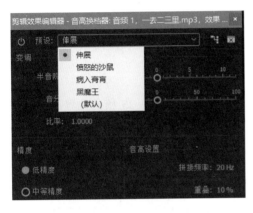

图7-48　"剪辑效果编辑器"对话框4

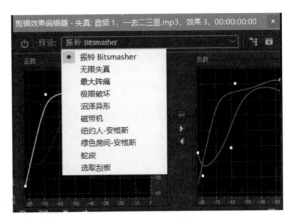

图7-49　"剪辑效果编辑器"对话框5

多学一招：什么是频段

简单地说，频段就是音频频率的范围，一般情况下分为四个阶段，分别是低频段（30~150 Hz）、中低频段（150~500 Hz）、中高频段（500~5 000 Hz）和高频段（5 000~20 000 Hz）。

除了能够为素材添加音频特效外，还可以为音频轨道添加效果，在"音轨混合器"面板中，单击左上角的箭头 ，该面板上方就增加了一个添加效果的区域，如图7-50所示。在添加效果的区域中，单击右侧的下拉按钮 ，如图7-51所示，即可弹出效果菜单，如图7-52所示。

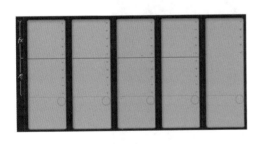

图7-50　设置效果的区域

图7-51　下拉按钮

图7-52　效果菜单

在菜单中选择效果后，效果区域中即可显示该效果名称，如图7-53所示。该效果就被添加到对应的音频轨道中，该轨道上的所有音频素材都可应用此效果。

7.2.4　实现步骤

Step1　打开 Premiere Pro 软件，新建项目，将项目命名为"【案例19】为音频添加空间感效果"，单击"确定"按钮，新建项目。

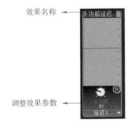

图7-53　轨道效果

Step2 执行"文件→导入"命令（或按【Ctrl + I】组合键），导入"M19-1. mp3"和"M19-2. mp3"音频素材至"项目"面板中。

Step3 将"M19-2. mp3"音频素材拖动至"时间轴"面板中，创建序列。

Step4 再将"M19-1. mp3"音频素材添加至 A2 轨道中，如图 7 – 54 所示。

Step5 将轨道调高、调长，以方便查看。

Step6 将 A1 轨道调成静音，聆听 A2 轨道上的音频，在 27 秒 23 帧的位置添加序列标记。

Step7 选中 A1 轨道上的音频，将没有波形的片段清除，如图 7 – 55 所示。

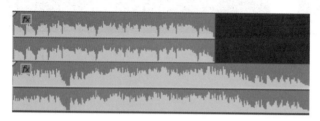 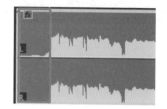

图 7 – 54 将音频素材添加至轨道上   图 7 – 55 需要清除的音频片段

Step8 使用"选择工具" 🅺，将 A1 轨道上的素材与序列标记对齐，如图 7 – 56 所示。

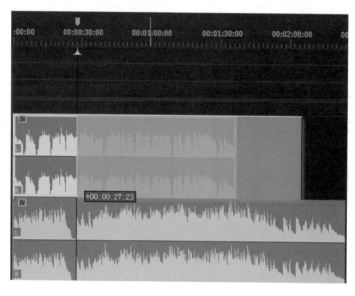

图 7 – 56 移动 A1 轨道上的素材

Step9 取消 A1 轨道的静音，并选中 A1 轨道上的素材，右击，在弹出的快捷菜单中选择"音频增益"选项，如图 7 – 57 所示。

Step10 此时会弹出"音频增益"对话框，在对话框中单击"标准化最大峰值为"单选按钮,并在后面输入数值为 -6,如图 7-58 所示,单击"确定"按钮。

图 7-57 选择"音频增益"选项   图 7-58 设置音频增益

Step11 选中 A2 轨道中的素材,按照 Step9 和 Step10 的方法设置 A2 轨道中素材的"标准化最大峰值为"的数值为 -6,此时时间轴中的音频波形显示如图 7-59 所示。

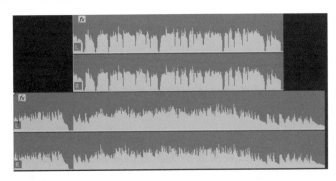

图 7-59 调整后的音频波形

Step12 在"音频效果"中找到"Convolution Reverb"特效,将其添加至 A1 轨道的素材上。

Step13 按【Ctrl + S】组合键保存项目,并将项目文件打包至指定文件夹。

拓展案例

通过设置音频特效,制作留声机效果。

扫一扫二维码聆听案例效果。

拓展案例

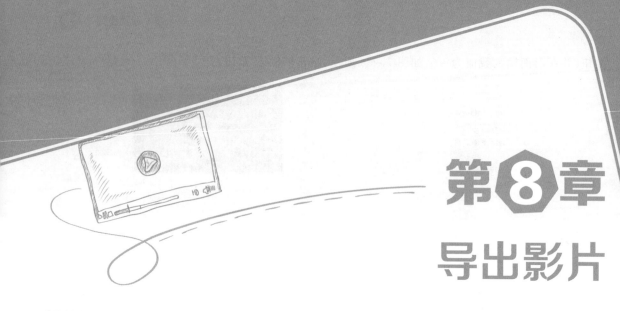

第8章
导出影片

创新的精神

学习目标

◆ 了解导出单帧图像的方法和作用,能够制作帧定格效果。

◆ 掌握影片导出技巧,能够熟练导出影片中的音频、视频文件。

当视频、音频素材编辑完成后,就需要将编辑好的项目导出为最终影片了。在 Premiere Pro 中可以导出单帧画面、单独导出音频、视频、整个项目等。本章将带领读者掌握如何将编辑好的项目导出。

8.1 【案例 20】导出单帧图像

导出单帧图像可以制作帧定格效果,帧定格效果是指将一段视频素材在播放一段时间后停止,本案例将制作一个帧定格的效果,通过本案例的学习,读者能够了解 Premiere Pro 中可导出的常用图像格式、如何导出序列静止图像及单帧,并能够掌握如何制作帧定格效果。

 效果展示

案例20

在播放视频时,画面有拍照效果,在进行拍照的那一瞬间,会伴有"咔嚓"一声拍照声,此时,画面会定格在某一瞬间。

扫一扫二维码查看案例效果。

案例分析

本案例共包含 3 个视频素材、2 个音频素材和 1 个图像素材,在制作本案例的时候可以将其分成 2 个部分来制作。

1. 调整素材

制作这部分时,为了保持效果一致,需要将 3 个视频素材设置成同一时长,并选取视频素材中同一位置的那一帧作为"拍出来的照片"。有"照片"后,需要将其下面的背景设置模糊,以突显主体。

2. 添加音频

为了得到更好的效果,本案例为视频部分匹配背景音乐,并在"拍照"的瞬间,有"咔嚓"的拍照声。

 必备知识

1. 可导出的图像格式

在 Premiere Pro 中可以导出多种图像格式,下面对常用的图像格式进行讲解。

1）BMP 格式

BMP 格式是 DOS 和 Windows 平台上常用的一种图像格式。BMP 格式支持 1 ~ 24 位颜色深度,可用的颜色模式有 RGB、索引颜色、灰度和位图等,但不能保存 Alpha 通道。BMP 格式的特点是包含的图像信息比较丰富,几乎不对图像进行压缩,但其占用磁盘空间较大。

2）JPEG 格式

JPEG 格式是一种有损压缩的图像格式,不支持 Alpha 通道,也不支持透明。最大的特点是文件比较小,可以进行高倍率的压缩,因而在注重文件大小的领域应用广泛。

3）GIF 格式

GIF 格式是一种通用的图像格式。它不仅是一种无损压缩格式,而且支持透明和动画。另外,GIF 格式保存的文件不会占用太多的磁盘空间,非常适合网络传输,是网页中常用的图像格式。

4）TIFF 格式

TIFF 格式用于在不同的应用程序和不同的计算机平台之间交换文件。它是一种通用的位图文件格式,几乎所有的绘画、图像编辑和页面版式应用程序均支持该文件格式。

5）PNG 格式

PNG 格式是一种无损压缩的网页格式。它结合 GIF 和 JPEG 格式的优点,不仅无损压缩,体积更小,而且支持透明和 Alpha 通道。

2. 导出设置

执行"文件→导出→媒体"命令(或按【Ctrl + M】组合键)即可打开"导出设置"对话框,如图 8 - 1 所示。

在对话框中主要有两个参数面板:一个是"源",另一个是"导出"。其中"导出"为打开"导出设置"对话框默认显示的面板。"源"面板可以设置画面大小,如图 8 - 2 所示,当单击"裁剪导出视频"图标█时,可以在图标右侧设置裁剪数值,裁剪的区域分别是从左侧、从顶部、从右侧、从底部、还可以设置裁剪比例。此外在预览区域拖动边框也可以进行裁剪,如图 8 - 3 所示(无特殊情况不需要进行裁剪,默认即可)。下面对图 8 - 1 中导出设置的一些常用参数进行说明。

图 8-1 "导出设置"对话框

图 8-2 "源"面板中的裁剪参数

图 8-3 拖曳边框裁剪

①用于选择导出的文件格式,单击该下拉按钮,即可看到可以导出的音频格式、视频格式和图像格式,如图 8-4 所示。在下拉菜单中选择所需的格式即可。

②用于设置预设选项,每个格式都有其各自对应的预设选项,如选择 PNG 格式后,单击"预设"下拉按钮,会弹出与 PNG 格式相对应的预设选项,如图 8-5 所示。

③用于设置文件名称,并选择指定的存储位置,单击蓝色的文字后,即可打开"另存为"对话框,如图 8-6 所示。在对话框中设置名称,选择指定位置即可。

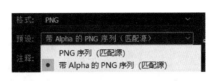

图 8 – 5　PNG 格式的预设选项

图 8 – 4　可导出的文件格式

图 8 – 6　"另存为"对话框

④用于选择导出视频还是导出音频,若两者均导出,则两个同时勾选即可(默认为两个同时勾选)。

⑤用于查看导出后的具体参数,如位置、名称、像素长宽比、帧速率、扫描方式、时长等。查看摘要可以快速查看编辑的项目是否存在设置上的错误。

⑥用于设置单个导出选项,如效果、音频、视频、字幕等,单击任一选项,下方即可显示与其对应的参数设置。

⑦可以查看预估文件的大小,但当项目过大时,预估时间往往与实际时间不匹配。

⑧可以确定导出或取消导出。该区域有 3 个按钮,分别为"队列""导出""取消",如图 8 – 7 所示。

图 8 – 7　导出或取消

当单击"队列"按钮时,将跳转至 Adobe Media Encoder 软件进行导出,如图 8 – 8 所示,此时单击右上角的"启动队列"按钮▶开始导出,而不占用 Premiere Pro 软件,在软件中可以继续编辑其他项目。值得注意的是,单击"队列"按钮之前要先安装 Adobe Media Encoder 软件,否则会弹出"Adobe Media Encoder 未安装"的警示框,如图 8 – 9 所示。

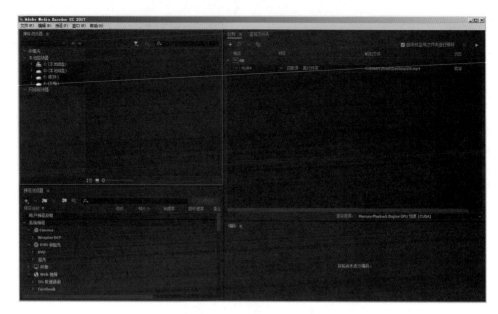

图 8 - 8 "Adobe Media Encoder CC 2017"软件截图

图 8 - 9 "Adobe Media Encoder 未安装"警示框

当单击"导出"时,会弹出导出的进度条,如图 8 - 10 所示,在导出完成之前,不能再继续使用 Premiere Pro 软件编辑项目。

图 8 - 10 导出进度条

当单击"取消"按钮后,可取消导出,并关闭"导出设置"对话框。

3. 导出单帧图像

导出单帧图像是指将某一帧的画面导出,作为图像素材。导出的图像素材可以制作帧定格画面,所谓帧定格就是将视频画面定在某一帧。将单帧导出之后,可以将其添加至时间轴的指定位置,以制作定格效果。将视频素材添加至轨道上后,将时间滑块定位在需要导出帧的位置。在"节目监视器"面板中单击"导出帧"按钮 ,会弹出"导出帧"对话框,如图 8 - 11 所示,在对话框中设置图像名称、格式和路径,单击"确定"按钮即可将帧导出至指定位置。如勾选"导入到项目中",可将图像直接添加至项目面板中。

图 8-11　"导出帧"对话框

此外,利用"帧定格"命令可以快速添加帧定格画面,将视频素材导入至轨道上,定位好时间滑块的位置,右击,在弹出的快捷菜单中选择"添加帧定格"选项,如图 8-12 所示。

此时,视频轨道中的素材添加了一个编辑点,如图 8-13 所示。在编辑点后的视频画面都将变成定格的那一帧的静止画面。

图 8-12　选择"添加帧定格"选项

图 8-13　为视频轨道上的素材添加编辑点

多学一招:导出项目中静态序列

导出静态序列是指将一个序列中或序列片段中的每一帧全部导出,作为一张张的静态图像,这一系列的图像中每张都有一个自动编号,如图 8-14 所示。在"导出设置"对话框中选择格式为"TIFF"如图 8-15 所示,并设置存储路径。单击"导出设置"对话框下方的"确定"按钮即可将序列中的每一个画面导出至指定位置。

2020-03-21_17
h02_13000000.t
if

2020-03-21_17
h02_13000001.t
if

2020-03-21_17
h02_13000002.t
if

2020-03-21_17
h02_13000003.t
if

2020-03-21_17
h02_13000004.t
if

2020-03-21_17
h02_13000005.t
if

图 8-14　自动编号

图 8-15　选择"TIFF"格式

实现步骤

1. 调整素材

 Step1 打开 Premiere Pro 软件,新建项目,将项目命名为"【案例 20】导出音频",单击"确定"按钮,新建项目。

图 8 – 16　新建序列

Step2 执行"文件→新建→序列"命令(或按【Ctrl＋N】组合键),弹出"新建序列"对话框,在对话框里设置相关参数,如图 8 – 16 所示。单击"确定"按钮,即可新建序列。

Step3 执行"文件→导入"命令(或按【Ctrl＋I】组合键),导入"牛. MOV""天空. mp4""海水. mov"视频素材,"M20-1. mp3""M20-2. mp3"音频素材和"取景框. png"图像素材至"项目"面板中,如图 8 – 17 所示。

Step4 依次将"天空. mp4""海水. mov""牛. MOV"视频素材中的视频部分添加至V1 轨道上,并将持续时间均设置为 5 秒,如图 8 – 18 所示。

图 8 – 17　导入素材至"项目"面板

图 8 – 18　设置持续时间

Step5 将时间滑块定位在 4 秒 15 帧的位置,单击"节目监视器"面板中的"导出帧"按钮 ,弹出"导出帧"对话框,如图8-19 所示。在对话框中设置名称为"天空静止帧",并且勾选"导入到项目中"复选框。

Step6 将"天空静止帧"添加到 V2 轨道上时间滑块所在的位置,将其与天空所在素材的尾部编辑点处对齐,如图 8 – 20 所示。

Step7 执行"字幕→新建字幕→默认静态字幕"命令,打开"新建字幕"对话框,在对话框中设置名称为"相框",如图 8 – 21 所示。单击"确定"按钮打开"字幕"窗口。

图 8 - 19　"导出帧"对话框

图 8 - 21　"新建字幕"对话框

图 8 - 20　添加"天空"静止帧至 V2 轨道上

Step8　在"字幕"窗口中,使用"矩形工具"■绘制一个白色的矩形,取消填充,为其添加白色的内描边效果,参数及对应效果如图 8 - 22 所示。

图 8 - 22　绘制相框

Step9　关闭"字幕"窗口,将"相框"添加到 V3 轨道上,将其与 V2 轨道上的素材前后对齐,如图 8 - 23 所示。

Step10　选中"天空静止帧"和"相框",右击,在弹出的快捷菜单中选择"嵌套"选项,在弹出的"嵌套序列名称"对话框中设置名称为"天空嵌套",如图 8 - 24 所示,单击"确定"按钮。

图 8 - 23　对齐素材

图 8 - 24　"嵌套序列名称"对话框

Step11　选中"天空嵌套",在"效果控件"面板中,分别单击"缩放"和"旋转"前面的"切换动画"按钮◎,激活关键帧。

Step12 将时间滑块定位在 4 秒 22 帧的位置,设置"缩放"为 80,"旋转"为 –8°,效果如图 8 – 25 所示。

Step13 将"取景框.png"图像素材添加至"天空嵌套"的前面,并保留 5 帧的片段,如图 8 – 26 所示。

Step14 将时间滑块定位在"取景框.png"和"天空嵌套"中间衔接处,选中 V1 轨道上的素材,按【Ctrl + K】组合键添加编辑点,如图 8 – 27 所示。

图 8 – 26　添加取景框

图 8 – 25　设置运动参数

图 8 – 27　添加编辑点

Step15 选中"天空.mp4"第二个片段,为其添加"快速模糊"特效,设置"模糊度"为 50,效果如图 8 – 28 所示。

图 8 – 28　添加模糊特效

Step16 选中"海水.mov"视频素材,将其缩放为帧大小。将时间滑块定位在 9 秒 15 帧的位置,单击"导出帧"按钮 ▣,将静止帧导入到"项目"面板中,并命名为"海水静止帧"。

Step17 将"海水静止帧"添加到时间滑块后面,并与"海水.mov"视频素材对齐。

Step18 将"相框"再次添加至 V3 轨道上,使其与"海水静止帧"平齐,如图 8 – 29 所示。

Step19 选中"相框"和"海水静止帧",将其嵌套为序列,并设置序列名称为海水嵌套,复制 V2 轨道上的"取景框.png"将其放置在"海水嵌套"前面,如图 8 – 30 所示。

图 8 – 29　再次添加相框

图 8 – 30　复制取景框

复制"天空嵌套"的属性,将其粘贴到"海水嵌套"。

Step20 将时间滑块定位在"取景框 . png"和"海水嵌套"中间衔接处,选中 V1 轨道上的素材,按【Ctrl + K】组合键添加编辑点,如图 8 - 31 所示。

Step21 将"天空 . mp4"第二个片段的属性复制粘贴到"海水 . mov"第二个片段上,得到效果如图 8 - 32 所示。

图 8 - 31　添加编辑点　　　　　　　　　　图 8 - 32　模糊效果

Step22 按照 Step15 ~ Step20 的方法,设置"牛 . MOV"视频素材的拍照效果。

2. 添加音频

Step1 将"M20-1. mp3"音频素材添加至 A1 轨道上,删除没有波形显示的素材片段,如图 8 - 33 所示。

Step2 将裁剪好的音频素材放在天空的尾部编辑点处,如图 8 - 34 所示。

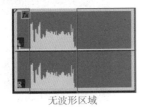

图 8 - 33　删除无波形片段　　　　　　　　图 8 - 34　添加音频到所需位置

Step3 复制两次音频,将其分别放在海水和牛的尾部编辑点处,如图 8 - 35 所示。

Step4 将"M20-2. mp3"音频素材添加到 V3 轨道上,删除多余片段,如图 8 - 36 所示。

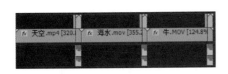

图 8 - 35　复制音频　　　　　　　　　　　图 8 - 36　删除多余片段

按【Ctrl + S】组合键保存项目,并打包项目文件。

8.2 【案例 21】导出项目成片

编辑项目的主要目的就是为了得到项目成片,本案例将一个制作好的项目导出,通过本案例的学习,读者能够掌握导出视频选项的设置方法。

 效果展示

　　一段教程视频正在播放。
　　扫一扫二维码查看案例效果。

 案例分析

　　本案例共包含了一个视频素材,在制作案例时,第一步先将视频素材放在视频播放软件上查看素材的信息,如比特率、编码等,为导出时设置参数做准备。第二步是选择需要的片段,将其导出。在导出时,选择目前较为通用的 H.264 格式,由于原素材的比特率为 2 899 Kbit/s,因此在"导出设置"对话框中设置比特率时,可参照原素材的比特率大小进行换算。

 必备知识

1. 预览影片

　　预览影片是编辑素材时进行检查的重要手段,在"节目监视器"面板中预览影片可能会由于设备配置较低而导致卡顿或跳跃的现象,此时,生成预览影片可以更好地解决这种问题。选择"时间轴"面板,执行"序列→渲染工作区内的效果"命令(或按【Enter】键),系统即可弹出"渲染"对话框显示渲染进度,并开始进行渲染,如图 8 - 37 所示。

图 8 - 37　"渲染"对话框

2. 视频导出选项

　　当对 Premiere Pro 中编辑完成的视频进行导出时,首先需要设置视频导出选项,如尺寸、比特率等,设置完成后,才能使导出的影片与用户所期望的标准相匹配。在"导出设置"对话框中选择一个视频格式(此处选择最为常用的 H.264 格式),其设置区域如图 8 - 38 所示。对各区域的解释如下。

　　1)基本视频设置区域

　　该区域可以调整项目的长宽、帧速率、场序等参数。默认情况下,每个参数是灰色、不可更改的,若想修改某一参数,单击每个参数后面的对勾,可以解锁对应的参数,如图 8 - 39 所示,此时即可修改参数。正常情况下,选择 H.264 格式时,该区域的参数与序列参数匹配,若无特殊情况保持默认设置即可。

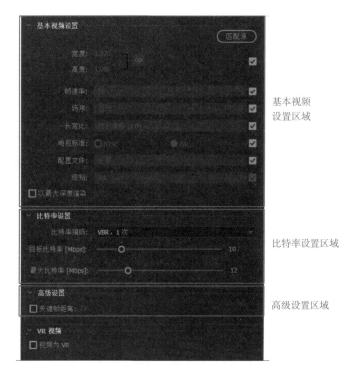

基本视频
设置区域

比特率设置区域

高级设置区域

图 8 - 38   视频设置区域

图 8 - 39   解锁参数

2）比特率设置区域

比特率也称码率,可以设置导出项目的画质、大小。比特率越高,画质越清晰,而导出的项目文件相对较大;比特率越低,画质越差,但导出的项目文件相对较小。在实际应用中,可以在播放软件里查看素材的具体信息,如图 8 - 40 所示,里面包含了比特率大小。这样在导出的时候,就可以有目标地设置比特率。

在比特率设置区域,可以选择"比特率编码",在"比特率编码"下拉菜单中有 3 种编码,分别是"CBR""VBR,1 次""VBR,2 次",如图 8 - 41 所示。其中常用的是 VBR,这是因为 CBR 为恒定的比特率编码,而 VBR 是可变的比特率编码,当项目中包含较为复杂的画面及效果时,比特率可适当调高,以提高画质。"VBR 1 次"和"VBR 2 次"中最常用的是前者,虽然"VBR 2 次"会比"VBR 1 次"更加清晰,但是相对的,耗时会更长,文件会更大,且清晰度差异肉眼观察并不明显。

图 8 - 40   查看原素材比特率

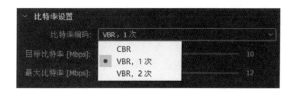

图 8 - 41   比特率编码

选择"VBR,1 次"选项后,下面有两个参数,分别是"目标比特率"和"最大比特率"。在 Premiere Pro 中比特率的单位是 Mbit/s,而在图 8 - 40 所示的原素材比特率的单位是 Kbit/s, 由于 1 Mbit/s = 1 024 Kbit/s,因此要想预估最终导出后的文件的比特率,可以用"目标比特率"后面的数值乘以 1024。如将"目标比特率"设置为 0.2,那么导出的文件比特率应为 204.8 Kbit/s 左右。

但是往往在导出的时候,比特率会比预估的大,这是因为"最大比特率"的缘故,"最大比特率"是指当项目中有较为复杂的画面或运动较多的画面时的最大比特率。当将"最大比特率"也适当降低时,最终导出的文件比特率才会贴近目标比特率大小。

值得一提的是,在 Premiere Pro 中设置比特率时,最低为 0.19 Mbit/s,且"目标比特率"不能设置得比"最大比特率"高。

注意:

(1)在导出项目时,如果视频时长较长,预估的文件大小往往不准确,当导出的视频过大时,需要使用压缩软件去压缩。

(2)若原素材的比特率为 2 000 Kbit/s,那么在导出时,将比特率设置得再高也不会提升画质,只会增加文件大小。

3)高级设置区域

该区域用于设置导出后的文件的关键帧距离,如图 8 - 42 所示。在看视频的时候,经常会快进或者后退,此时前进或后退并不是一帧一帧地退,而是一段一段地退,这时就会对关键帧距离进行设置。但一般情况下默认即可,不做修改。

图 8 - 42　高级设置

注意:在导出项目时,需要选中"时间轴"面板再进行导出,当选择其他面板时,导出命令会无反应。

 实现步骤

Step1 打开 Premiere Pro 软件,新建项目,将项目命名为"【案例 21】导出项目影片",单击"确定"按钮,新建项目。

Step2 执行"文件→导入"命令(或按【Ctrl + I】组合键),导入"项目成片 . mp4"视频素材至"项目"面板中。

Step3 将"项目成片 . mp4"拖动到"时间轴"面板中以创建序列。

Step4 在 3 秒 16 帧的位置添加入点,53 秒 21 帧的位置添加出点,如图 8 - 43 所示。

Step5 执行"文件→导出→媒体"命令(或按【Ctrl + M】组合键),在弹出的"导出设置"对话框,中设置格式为 H.264,如图 8 - 44 所示。

图 8 - 43　添加入点和出点　　　　　　图 8 - 44　设置格式为 H. 264

Step6　设置名称为"项目成片_导出 . mp4",并为文件选择目标位置。

Step7　在设置区域设置"目标比特率"为 2,"最大比特率"为 3,如图 8 - 45 所示。

Step8　单击"导出"按钮,弹出导出进度对话框,如图 8 - 46 所示。

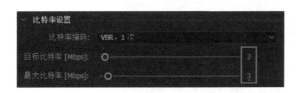

图 8 - 45　设置比特率　　　　　　　图 8 - 46　导出进度对话框

Step9　当完成导出后,按【Ctrl + S】组合键保存项目,并打包项目文件。

8.3　【案例 22】导出音频

通过 Premiere Pro 不仅能导出视频,还能单独将编辑好的音频导出,本案例将把视频中的音频导出,通过本案例的学习,读者能够掌握如何设置音频导出选项。

　效果展示

一首优美的歌曲在耳边环绕。

扫一扫二维码查看案例效果。

　案例分析

本案例只有 1 个视频素材,将素材导入至 Premiere Pro 中,观察音频,可发现在视频素材中音频波形过低,需要将其进行适当调整。调整完毕进行导出,导出时选择目前较为通用的 MP3 格式,单独将音频导出即可。

　必备知识

音频导出选项

在实际工作中,可能会在不同的项目中应用同一个音频素材,若音频素材作为视频素材中的音频出现的时候,将音频导出,作为单独的素材,会相对节省时间。在"导出设置"对话框中,选择一个音频格式,在其设置选项区域,即可看到相对应的参数设置(不同的格式有不同的参数),如选择了"MP3"格式,则设置区域如图 8 – 47 所示,选择"AAC 音频"格式,则设置区域如图 8 – 48 所示。在设置区域可以设置其不同的参数,如声道、比特率等。

图 8 – 47　"MP3"格式的参数设置

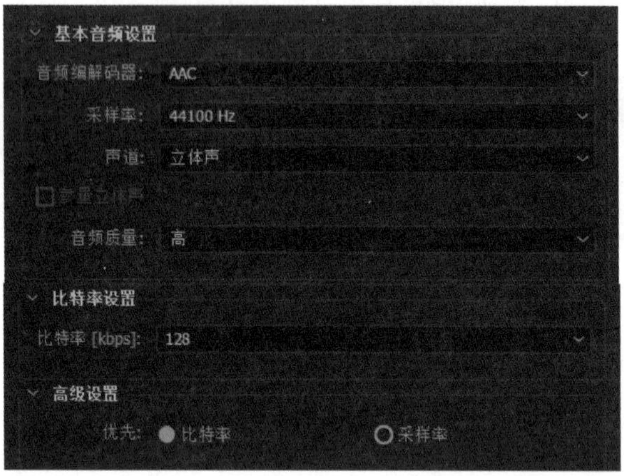

图 8 – 48　"AAC 音频"格式的参数设置

实现步骤

Step1　打开 Premiere Pro 软件,新建项目,将项目命名为"【案例 22】导出音频",单击"确定"按钮,新建项目。

Step2　执行"文件→导入"命令(或按【Ctrl + I】组合键),导入"歌曲 MV. mp4"视频素材至"项目"面板中,并将其拖动到"时间轴"面板中以创建序列,如图 8 – 49 所示。

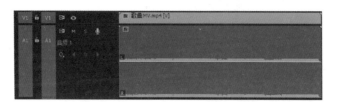

图 8 – 49　创建序列

Step3　在素材上右击,在弹出的快捷菜单中选择"音频增益"选项,如图 8 – 50

所示。

图 8-50 选择"音频
增益"选项

图 8-51 设置"标准化最大峰值"

图 8-52 设置参数

Step4 此时会弹出"音频增益"对话框,在对话框中设置"调整增益值"为39.3,如图 8-51 所示。单击"确定"按钮,调整音频增益。

Step5 执行"文件→导出→媒体"命令(或按【Ctrl + M】组合键),会弹出"导出设置"对话框,在对话框中选择格式为"MP3",并设置导出名称及位置,如图 8-52 所示。

Step6 单击"导出"按钮,即可将音频导出至指定文件夹。

拓展案例

请根据帧定格的相关知识,制作帧定格效果。扫一扫二维码查看案例具体效果。

拓展案例

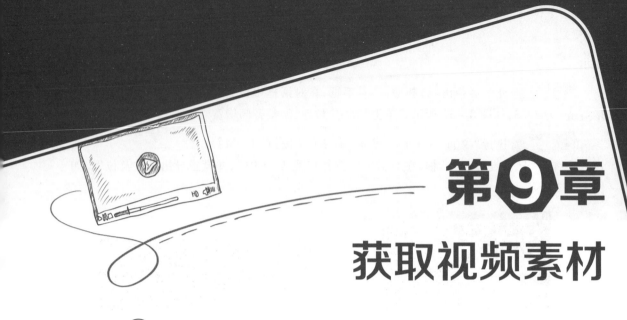

第 **9** 章
获取视频素材

责任意识

学习目标

◆ 了解"景别"和"文案",能够独立制作分镜脚本。

◆ 掌握构图和运镜技巧,能够灵活运用这些技巧拍摄作品。

◆ 理解剪辑技法,在拍摄时适当运用一些剪辑技法的理念获取素材。

当我们想制作一个有主题的作品时,往往需要获取作品源素材,再使用这些源素材进行编辑。本章将带领读者了解景别、拍摄的设备,掌握如何编写分镜脚本,以及在拍摄时常用的构图和运镜手法,并且理解一些剪辑技法,为后期编辑奠定一定的基础。

9.1 【案例 23】制作春天主题的分镜脚本

在拍摄之前要先制作分镜脚本,这样才能使拍摄有序、有主题地进行。本案例将制作一个以春天为主题的分镜脚本。通过本案例的学习,读者能够认识景别并能够掌握文案的编写。

 效果展示

分镜脚本如表 9-1 所示。

表 9-1　分镜脚本

春天来了分镜脚本					
时长:					
主题方向:拍摄春天气息					
镜头号	景别	时长	运　镜	内　　容	画面参考
1	近景		定机位	俯视拍摄腿脚运动	

续表

镜头号	景别	时长	运镜	内容	画面参考
2	全景		推	沿着小路向前推进	
3	特写		推	先大致拍摄,再拍摄花的特写镜头	
4	特写		推	先大致拍摄,再拍摄花的特写镜头	
5	中景		竖摇	镜头随着建筑标题竖摇	
6	中景		横摇	进入广场,可以看到闲逛的人,和开花的树	
7	远景		横摇	镜头随着一片迎春花海进行横移	
8	特写		定机位	这里有门,拍摄开门的特写	
9	特写		推	突然发现小昆虫,对小昆虫进行对焦拍摄	
10	特写		定机位	春风吹得强劲	

续表

镜头号	景别	时长	运镜	内容	画面参考
11	中景		推	一棵花已经凋谢的树	
12	近景		推	凋零的花,已经可以看到果子了	
13	特写		定位机	一棵快结果的树,竟然还有一朵如此美丽的杏花	
14	全景		推	这棵小树的小芽好像刚出生的宝宝	
15	全景		定机位	刚冒芽的小草	

案例分析

制作分镜脚本之前,先想好主题、逻辑,确定这些之后可以开始填写镜头号,按照镜头号有序填充相应的内容。而且需要提前去拍摄场地踩点,观察场地的环境,通过踩点可以大致确定拍摄主体、使用何种运镜手法拍摄何种景别。在踩点的时候要拍摄相应的照片,为填充"画面参考"做准备。

分镜脚本中包含很多内容,制作的时候先制作出来大的框架,再往里面填充相应的内容,将这些抽象的内容制作成具体的内容分项填充到框架中。

必备知识

1. 认识景别

景别是指由于摄影机与主体的距离不同,而造成主体在摄影机寻像器中所呈现出的范围大小的区别,是摄影者创作构思的重要组成部分。例如我们在观察的时候往往会根据心理需要趋身近看、翘首远望、浏览整个场面,还会凝视事物主体乃至某个局部。这样,映现于银幕的画面形象就会发生或大或小的变化。景别一般分为 5 类,按照距离远近依次为远景、全景、中景、近景和特写。如果以人为主体,那么这 5 类景别的关系如图 9-1 所示,具体介绍如下。

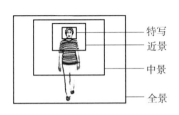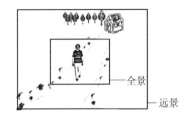

图 9-1　各景别关系图

1）远景和全景

远景和全景是相对的都能表现主体和环境。远景指摄取远距离人物的一种画面,而全景比远景的范围略小,是将人物从头到脚全面展示。

远景画面可以展示人物活动的空间背景或环境气氛。在远景中,不会注重物体的细微动作,因此不能直接刻画物体。在拍摄时,远景中主体的大小一般不会超过画面高度的一半,且远景画面包含的物体较多,时间要稍长些,一般情况下应不少于 10 秒。全景主要用来客观地表现人物的全貌,在拍摄时,需要注意周围的环境因素。

2）中景

中景是摄取人物膝盖以上的画面。不仅能看清人物表情,还有利于表现人物的形体动作。

3）近景

近景是摄取人物胸部以上的画面。近景常被用来细致地表现人物的面部神态和情绪,因此,近景是将人物推向观众眼前的一种景别。

4）特写

特写是摄取人物肩部以上的画面或人物的某个局部。特写镜头的被摄对象充满画面,比近景更加接近观众。

当然,这些景别不仅用来拍摄人物,按照同样的道理,选取任意主体（如动物、植物、建筑等）也可以定位景别。但是在拍摄时无主体可以参照,只是想拍摄环境及风景,那么此时就是无景别,也称空景。

2. 运镜

运动镜头往往要比静止镜头更符合人的视觉规律,在拍摄时,将镜头运动起来可以使拍摄出来的作品更引人注目,而镜头的运动方式称为运镜。运镜通常包含推、拉、摇、移、转 5种,下面对这 5 种方式方式进行讲解。

1）推和拉

推是由远及近或从整体到局部的过程,例如将人眼比作摄像机,在看一个物体时,先看物品的整体,再走进查看物品的细节,这个由远及近。从整体到局部的过程就是推的效果,如图 9-2、图 9-3 所示。拉与推相反,是由近及远、由局部到整体的过程。

图 9 - 2　由远及近

图 9 - 3　从整体到局部

　　在拍摄推、拉镜头时，为了尽量防止镜头抖动，可以采取弓步的姿势，如图 9 - 4 所示。如果直接端着手机(或其他设备)移动，移动的是手臂，由于手臂受力，则拍摄出来的视频就会出现一定程度的抖动；在使用弓步姿势进行移动时，手持手机(或其他设备)不动，腿移动的时候整个身体都跟着移动，手臂不受力，则会适当减少拍摄中的抖动。

图 9 - 4　弓步

　　2)移和摇

　　移和摇主要用于拍摄整体环境。移是人的身体移动，手持手机(或其他设备)不动，镜头一直保持水平角度，通过人的移动和下蹲来实现移动。从而使镜头进行平移或竖移，如图 9 - 5 所示。而摇是以拍摄者为中心，人不动，而手持设备进行移动，类似于人的点头和摇头，如图 9 - 6 所示。拍摄移或摇镜头时，既可以平移(左右移动)或横摇(上下摇)，也可以升降(上下移动)或竖摇(上下摇)。

人移动，手机不动

图 9 - 5　移

人不动，手机移动

图 9 - 6 摇

平移和横摇的效果类似，升降和竖摇的效果类似，都是展示全貌，但移的视线角度是固定的，而摇的视线角度是扩展的。拍摄物体时，移和摇没有优劣之分，区别就是呈现角度不同，如图 9 - 7、图 9 - 8 所示。在拍摄大场景时，摇能比移更快地展示环境。

图 9 - 7 利用"移"拍摄底部　　　　　图 9 - 8 利用"摇"拍摄底部

值得一提的是，在使用"摇"的运镜方法进行拍摄时，可以在镜头的开始和结束的位置停留几秒钟，再开始摇，这样拍摄出来的作品会更加稳定，观看性和实用性也较强。在摇的过程中，起点称为起幅，终点称为落幅。在后期制作时，起幅和落幅可以当作静止画面进行使用。

3）转

转的运镜手法具有较强的视觉冲击力，可大致分为镜头转和摇移转两类。其中，镜头转是指镜头旋转，在一个平面中进行旋转，如图 9 - 9 所示。运镜效果如图 9-10 所示。使用该运镜手法可以打破稳定性，赋予主体运动感与活跃感。

图 9 - 9 镜头转

图 9 - 10 镜头转运镜效果

摇移转是摇和移的组合运镜,如图 9－11 所示为摇移转的俯视图。使用该运镜进行拍摄时,镜头视角一直定位在主体上。使用该运镜手法可以呈现主体的更多角度,使作品有观察审视的意味,运镜效果如图 9－12 所示。摇移转一般情况下角度不会达到 360 度,当使用摇移转运镜手法,转 360 度时称为环绕。环绕是摇移转运镜手法的一种特殊情况,也可以作为一种单独的运镜手法,使用环绕运镜手法进行拍摄时,可以呈现主体的 360 度全貌。在拍摄时往往需要借助稳定器材,使拍摄出来的作品更稳定。

图 9－11　摇移转

图 9－12　"摇转移"运镜效果

值得一提的是,当手持相机不动,在某一位置进行拍摄时,是无任何运镜手法的,可称为定机位。

注意:若要展示主体的 360 度时,还可以利用自转的转盘,将主体放置在上面,只需要找好角度,将设备固定在某一位置进行拍摄即可。

3. 文案

文案就是以文字来表现已经制定的创意策略。在摄影中,文案一般包括台词、分镜剧本等主要内容,以及拍摄的地点、行程、运镜手法等引导内容,是拍摄的基准,拍摄者只有定好文案,才有头绪进行拍摄。值得注意的是,拍摄者在拍摄之前要想好拍摄文案,按照文案进行拍摄,切记不可没有文案就进行拍摄。拍摄者在确定好地点后,最主要的工作就是撰写台词和制作分镜脚本。下面对台词和分镜脚本进行讲解。

1)台词

台词是构成一个剧本的基石,是剧本不可或缺的因素。没有台词就没有剧本,没有剧本就无法进行拍摄及后期编辑,在撰写台词时有以下原则。

● 提炼关键词:用词要精简,这样才能在拍摄的时候更快速地寻找线路去拍,后期剪辑的时候配音也更加容易。因此在完成草稿后,要仔细检查,删去不必要的细节,使用更简洁的词语。

● 引人注意:台词要能让观众与自己有关系,善于使用第一人称(我)和第二人称(你),例如某个公众号的标题文案:"我为什么辞掉稳定的工作? 为什么我们要这么拼? 是的,我更喜欢努力的自己。你不是迷茫,你只是浮躁。"这些标题很容易引起读者的注意,从而将文章点开。摄影也一样,在写台词或配音的时候,也要注意这个原则,如例 9-1 所示。

例 9-1 台词

为了体验北京的积聚世家积木店,我特意来到了新都会

还没进门我便被这手掌识别所吸引

我大摇大摆地走进了积聚世家积木店

中式的装修风格,和我一样有气势的故宫飞檐斗拱,十分豪华大气的卖场

我感觉我又来对了地方

虽然是个小小的积木,价格却都是不菲,

我故作镇定地看着我喜欢的玩具,有＊＊＊、＊＊＊＊、＊＊＊＊、＊＊＊＊、＊＊＊、＊＊＊,我一股脑地都想把他们买下来。

也不忘看了看自己的口袋,已然忘记了我当时不乱花钱的诺言,

看到这些玩具人卖力工作的样子,我感到充实而欣慰,

一整面墙的孙悟空、哪吒、红孩儿统统被我收入囊中

DIY 达人还可以自己组装,对于我这样动手能力强的人来说一定要体验

听说在积聚世家积木店拍张照片都要 999 元,不经意一眼,我看了看我的劳力士

唉,有钱人的生活就是这样朴实无华且枯燥。

1)分镜脚本

分镜脚本是一个包含视频素材所有信息的底本或书稿的底本,是摄影师拍摄和剪辑师进行后期剪辑的重要依据,是我们创作影片必不可少的前期准备。分镜脚本通常包含"镜头号""运镜""景别""时长""内容""画面参考"等要素。下面对这几个要素进行解释。

- "镜头号"是指镜头的顺序号,按组成画面的镜头的先后顺序进行排序,用数字标出。拍摄时不一定按顺序号拍摄,例如镜头号有 1 ~ 5,在拍摄的时候可以先拍摄 1 和 5,再拍摄 2 ~ 4 镜头的内容,但后期编辑时必须按顺序编辑。

- "运镜"和"景别"是将拍摄时运用的运镜手法和景别填写进去。

- "时长"是建议后期在这个镜头中停留多长时间,是后期编辑的一个参考,当有样片参考的时候可以填写,若无样片参考,可不填写。

- "内容"是指拍摄的画面内容,想好拍摄内容,将其填充其中。

- "画面参考"是一个参考样片图,也可以是拍摄场地中的内容,一般情况是在拍摄前,提前去拍摄场地进行踩点,拍照片填充在里面,也可以截取样片中的画面进行填充。

在制作时,通常采用表格形式,既可以使用 Excel 表格来制作,也可以使用 Word 进行制作。如表 9 - 2 所示即为"积聚世家积木店探店"的部分分镜脚本。值得一提的是,当有样片参考时,可以根据相对应的镜头填写分镜脚本中的内容作为拍摄参考,待拍摄完成后,根据拍摄的素材,再整理分镜脚本,为后期剪辑提供更好的依据。

表 9 – 2　积聚世家积木店探店部分脚本

时长:90 s

主题:积聚世家积木店探店

镜头号	景别	时长	运镜	内　容	画面参考	备　注
1	远景	7s	移动	镜头沿着马路方向朝门头推进		无
2	全景	3s	移动	还没进门便被这手掌识别吸引了		无
3	全景	4s	正面跟拍	人物大摇大摆地走进积聚世家积木店店铺		人物要表现出自信

实现步骤

了解了分镜脚本和台词,下面我们使用 Word 软件来制作一个分镜脚本。

Step1　打开 Word 软件,写好标题、主题等内容后,再绘制一个 6 列的表格(行数任意,填写一行添加一行即可),包含的内容分别是镜头号、景别、时长、运镜、画面内容和画面参考,如表 9 – 3 所示。

表 9 – 3　分镜脚本框架

时长:

主题:拍摄春天的气息

镜头号	景别	时长	运镜	内容	画面参考
1					
2					

Step2　镜头一拍摄的是人走路的视频,为拍摄做铺垫,若自己一个人拍摄可俯视拍摄腿脚运动,距离较近,因此在景别处填写近景,因为手机没有进行任何运转,因此运镜一栏填写"定机位"。整合景别和运镜可得出画面内容,在内容一栏填写"俯视拍摄腿脚运动",如表 9 – 4 所示。

表 9 – 4　镜头一

镜头号	景别	时长	运镜	内　容	画面参考
1	近景		定机位	俯视拍摄腿脚运动	

Step3 镜头二就可以对场地进行拍摄了,在镜头号一栏处写"2"。第二段素材要拍摄建筑,建筑物是主体,因此拍摄的景别为全景,边走边进行拍摄,建筑从整体到局部进行展示,因此在运镜一栏处填写"推"。整合景别和运镜可以得出画面拍摄内容,在内容一栏填写"沿着小路向前推进",如表 9 - 5 所示。

表 9 - 5　镜头二

镜头号	景别	时长	运镜	内　容	画面参考
2	全景		推	沿着小路向前推进	

Step4 镜头三要拍摄一个开满花的树,因此使用"推"的运镜手法拍摄花的细节,因此将"特写"这一词填写在景别一栏中。整合景别和运镜可得出拍摄内容为"先大致拍摄,再拍摄花的特写镜头",如表 9 - 6 所示。

表 9 - 6　镜头三

镜头号	景别	时长	运镜	内　容	画面参考
3	特写		推	先大致拍摄,再拍摄花的特写镜头	

Step5 镜头四要拍摄的是一个小的绿化植物,采用推的运镜手法拍摄特写镜头,在分镜脚本中填写相应的内容即可,如表 9 - 7 所示,

表 9 - 7　镜头四

镜头号	景别	时长	运镜	内　容	画面参考
4	特写		推	先大致拍摄,再拍摄花的特写镜头	

Step6 镜头五拍摄的场地是小广场,为了展示亭子的文字和亭子部分内容,这里用摇的运镜手法对中景进行拍摄,在分镜脚本中填写相应的内容,如表 9 - 8 所示。

表 9 - 8　镜头五

镜头号	景别	时长	运镜	内　容	画面参考
5	中景		摇	镜头随着建筑标题竖摇	

按照 Step1 ~ Step6 的方法，制作剩余的分镜脚本。

9.2 【案例24】拍摄春天主题的素材

在制作作品时，往往会找不到合适的素材，此时则需要我们自行拍摄素材。制作好拍摄脚本后，就可以开始着手进行拍摄了。本案例使用 iPhone 8 Plus 设备，在某小区中进行拍摄。并将以"春天"为主题进行拍摄，拍摄的是春天的气息。

 效果展示

春天到了，花、草、树、木复苏。拍摄的部分素材截图如图 9 – 13 ~ 图 9 – 15 所示。

图 9 – 13　素材 1　　　　图 9 – 14　素材 2　　　　图 9 – 15　素材 3

案例分析

后期制作往往需要多个素材拼接，在拍摄时，可以根据脚本多拍一些镜头，为后期剪辑做好充足的准备。

春天是万物复苏的季节，阳光明媚，天暖了、花开了、草绿了，就连广场上的老人小孩也多了。拍摄的时候可以多选择一些这样的元素，并且注意构图、曝光，还需要运用一定的运镜手法。若遇到想拍摄的主体，但主体周围的环境不好，如图 9 – 16 所示，此时需要布置一下周围的风景，布置后的环境如图 9 – 17 所示。

图 9 – 16　嘈杂的环境　　　　　　　图 9 – 17　调整好的环境

必备知识

1. 拍摄设备分类

随着技术的不断革新，用于拍摄素材的设备多种多样，在拍摄素材时，常用到的设备主要有 3 种,分别是专业摄像机、数码相机和手机。对这几款设备的特点介绍如下。

1)专业摄像机

通常情况下,在新闻采访、活动记录等活动时会用到专业摄像机。这类设备可以使用 SD 卡进行存储,电池容量大,可以不间断拍摄 2 小时以上,散热能力强。并配备光圈、快门、白平衡、变焦等所有普通视频拍摄常用的快捷功能,但是这类设备往往价格较贵,体积较大,如图 9 – 18 所示。

2)数码照相机

数码照相机可分为单反照相机、微单照相机、卡片照相机等,目前较为常用的是单反照相机,如图9-19 所示。单反照相机最大的优势在于可以更换不同的镜头,因此拍摄效果也很好。相较于专业摄像机,单反照相机普遍较小并且重量较轻,携带较为方便。

图 9 – 18　专业摄像机　　　　　图 9 – 19　单反照相机

3)手机

手机是最常用的数码设备,集成了众多功能于一身,随着技术的发展,现在的智能手机,可以拍摄最高达 4K 分辨率的视频,虽然功能不如专业相机及数码相机,但已基本满足日常记录用途。由于手机小巧、轻便、方便携带等优势,在一定程度上已经可以胜任视频拍摄任务。

2. 构图

优秀的摄影作品通常都有明确的主体,或作为主导元素的主题,而照片平淡、不吸引人的一个主要原因就是没有中心,缺乏主体及关注点。因此在拍摄的时候,往往需要考虑构图。构图是摄影过程中贯穿始终的一项基本功,是指如何将人、景、物巧妙地安排在画面当中,以获得最佳布局的方法,在整个作品中有着举足轻重的作用。下面对常见的构图方法进行讲解。

1)三分法

三分法是一种在摄影中经常使用的构图手段,有时也称为井字构图法。三分法构图是指把画面的水平方向和垂直方向各分成三份,这样就可以得到 4 个交叉点,此处称这 4 个交叉点为兴趣点,每条线为三分线,如图 9 – 20 所示。一般情况下,每一个兴趣点上都可放置主体。当主体为线时,可以将其放置在三分线上。

当然,在构图时并不一定要将主体放在兴趣点上,也可以放在靠近兴趣点的位置,如果主体是运动的,那么可以使物体向兴趣点进行移动。例如图 9 – 20 中的小船,就正在往兴趣

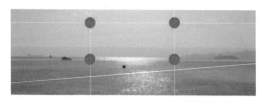

● 兴趣点

—— 三分线

图 9-20　三分法图示

点上行驶。

三分法构图中的 4 个兴趣点可以主导观众的目光,可以使画面有一种平衡和宽松的感觉,且比较容易掌握,但是在实际使用中也有很多容易被忽略的问题,如拍人脸时,应该将人脸放在哪个兴趣点上? 如果不灵活掌握,很容易使拍出来的作品差强人意。如图 9-21 所示,人脸朝向左边,并且在左边的兴趣点和三分线上,导致人脸前方面对的空间较小,使得整个画面显得压抑,应该将图中的人放置在右面的兴趣点和三分线上,如图 9-22 所示。

图 9-21　错误的构图

图 9-22　正确的构图

2)对称构图

对称构图具有平衡、稳定、相对的特点,常用于表现对称建筑、倒影等具有庄严感的物体。对称构图一般可分为左右对称和上下对称,其中左右对称可以很好地利用在建筑物的拍摄上,而且不论是现在还是古代的建筑都有对称的美感,拍摄出来的画面具有稳定感,如图 9-23 所示;上下对称也称为水平对称,一般会应用在水面的倒影中,并且将画面一分为二。这种画面在生活中其实是很常见的,如图 9-24 所示。

图 9-23　左右对称

图 9-24　上下对称

3)对角线构图

对角线构图是指将画面中的线条沿对角线方向展布,如图 9-25 所示。值得一提的是,沿对角线展布的线条可以是直线,也可以是曲线、折线或物体的边缘,只要整体延伸方向与画面对角线方向接近,就可以视为对角线构图。如图 9 – 26 所示即为曲线对角线构图。对角线构图往往可以突出动感。

图 9 – 25　直线对角线构图　　　　　　　　图 9 – 26　曲线对角线构图

4)框架构图

框架构图可以聚焦视线,突出主体,如图 9 – 27 所示。在拍摄时仔细观察周围环境,便可以找到许多可以用来搭建框架的元素,如门窗、栏杆、树丛、墙上的洞等,还可以是雨雪、烟雾或光影,都可以充当"框架"。如图 9 – 28 所示就是用一片树叶制作成的"框架",而主体在中心显示。

图 9 – 27　框架构图 1　　　　　　　　　图 9 – 28　框架构图 2

需要注意的是,在选取"框架"时,框架不能喧宾夺主,如图 9 – 29 所示即为喧宾夺主的画面。框架构图的本质是使用框架来衬托主体,如果框架太突出,则得不到好的画面效果。

5)填充构图

填充构图是指让主体充满画面,进而产生视觉冲击力,如图 9 – 30 所示。填充构图可以引导观众主体不受其他因素干扰,清楚地看到画面的细节。

图 9 – 29 喧宾夺主的框架　　　　　　　图 9 – 30 填充构图

6）前景构图

通常在一幅画面中，位于主体之前的景物称为前景。前景构图可以平衡画面重心，还可以拉伸纵向空间，丰富画面内容，烘托气氛。如图 9 – 31 所示为无前景，而图 9 – 32 所示即有前景，在 9-31 所示的图中，重心是在远处的小岛上，而图 9 – 32 所示的画面重心则是下方的狗和木条，其次才是远处的小岛，前景构图丰富了画面，使画面有了一定的层次感。

图 9 – 31 无前景　　　　　　　　　　图 9 – 32 添加前景

在拍摄的过程中，可以同时使用多种构图方法，使画面趋于完美，如图 9 – 33 所示即为框架构图和对称构图结合拍摄出的画面。

图 9 – 33 框架构图和对称构图结合

3. 对焦设置

对焦也可以理解为聚焦,就是将焦点放在某一个物体上作为画面的主体。对焦的主体会比未对焦的主体显示地更清晰。如图 9 - 34 和图 9 - 35 所示即为设置玩偶对焦与未设置对焦的对比图。在平时看视频的时候,观众往往能分清此刻想传达的是哪一个主体,就是因为设置了"对焦"的缘故。

在使用手机拍摄时,在手机屏中的主体物上长按,即可出现一个方形的边框,如图 9 - 36 所示(每部手机的边框不一致)。手指点击哪里,边框就会出现在哪里,镜头就会聚焦在哪里。

图 9 - 34　对焦　　　　　图 9 - 35　未对焦　　　　　图 9 - 36　对焦

4. 曝光调节

曝光调节主要用来调节物体的整体亮度。虽然 Premiere Pro 可以调节画面的曝光度,但是会额外增加工作量,从而在一定程度上降低工作效率。随着技术的发展,几乎所有的摄影设备都可以自动调节曝光。但是,当画面曝光过度或缺少曝光的时候,就需要对曝光进行调整。如图 9 - 37 所示为曝光过度的画面;图 9 - 38 所示为缺少曝光的画面;图 9 - 39 所示为正常曝光的画面。

图 9 - 37　曝光过度　　　　　图 9 - 38　缺少曝光　　　　　图 9 - 39　正常曝光

在使用手机拍摄时,在焦点框的右侧会出现一个太阳图标,如图 9 - 40 所示(每部手机的图标均不一致)。当出现小太阳图标时,上下滑动即可调整曝光了,当曝光过度时,应将曝光向下调整,而缺少曝光时应向上滑动,适当添加曝光,如图 9 - 41 和图 9 - 42 所示。最终的目的是使画面曝光正常。

图 9 - 40　边框及太阳图标

图 9 - 41　将曝光调大　　　　　　　图 9 - 42　将曝光调小

5. 置景布光

置景布光是对拍摄环境进行一个人为的设计,可以让拍摄出来的作品更美观、丰富,是拍摄优秀作品的重要手段。其中"置景"主要是在拍摄时布置好场景,如古装宫廷剧中的建筑、战争类剧中的堡垒、春晚的舞台等,如图 9 - 43 所示;而布光是指除天然光之外的人为添加的光线,如在照相馆里拍照、在场地拍摄时出现的大灯,如图 9 - 44 所示。

图 9 - 43　置景　　　　　　　　　　图 9 - 44　布光

6. 剪辑技法

剪辑就是剪掉和编辑,将不好的片段剪掉,再将剩余的片段进行排序、编辑。在剪辑时,有一些剪辑技法,如制作分镜、剪辑句式和剪辑规律。遵循一定的剪辑技法可以使作品更加美观,下面对几个常用的剪辑技法进行讲解。

1)制作分镜

分镜指分解镜头,可以使画面传达的内容更加清晰,营造氛围,是影片拍摄和剪辑的重要依据。在漫画中经常能看到分镜头,如图 9 - 45 所示为漫画的截图,此时的分解镜头就是将一张完整的画面分解成多个局部,如图 9 - 46 所示。

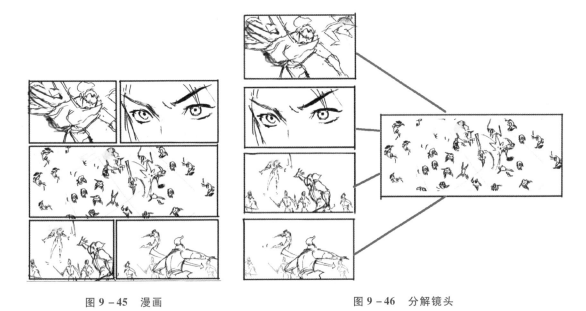

图 9 - 45　漫画　　　　　　　　　　　　　　图 9 - 46　分解镜头

在将漫画制作成动漫时,不同的剪辑师可能会按照不同的顺序进行编辑,如图 9 - 47 所示为漫画的分镜,将其制作成连续的动漫后,效果如图 9 - 48 所示。

图 9 - 47　漫画分解

图 9 - 48　动漫分解

在拍摄时可以参照这种方式,确定整体后,再分解其中的局部进行拍摄,以制作后期分镜头,在拍摄分镜时可遵循以下 3 种原则。

- 阅读原则:在拍摄时,可以从上至下,从左至右进行拍摄。
- 形状原则:在拍摄时,可以从整体到局部,再从局部到整体进行拍摄。
- 重要性原则:在拍摄时,可以优先拍主角,再拍配角。

2)剪辑句式

剪辑句式是指镜头的拼接方法,适合两个镜头及以上的镜头拼接。而镜头的拼接要符合生活的逻辑、思维的逻辑,以镜头完成叙述逻辑,如果不符合逻辑,观众就看不懂。剪辑句式通常包含前进式句式和累计式句式,具体解释如下。

● 前进式句式:前进式句式可以贯穿整个作品,叙述作品想要传达的故事。在制作时可以将其理解为根据人行走的方式进行,即由外到内(见图9-49),由远及近(见图9-50),由环境到细节(见图9-51)。当然,在拍摄时,遵循这个句式进行拍摄,可以节省后期剪辑的时间。

图 9-49　由外到内

图 9-50　由远到近

图 9-51　从环境到细节

● 累计式句式:累计式句式可以突出某个主题,经常是配合解说,用一组相似的主体来反映一个主题,如图9-52所示。这种相似的主体通过镜头的积累、形式上的统一,会更具有说服力,类似于文章中的排比句。

图 9-52　累计式句式

3）剪辑规律

在剪辑时,要符合人的视觉规律,掌握并遵循"动接动"和"静接静"的规律,可以使作品更清晰。"动接动"就是运动的镜头与运动的镜头相连接;"静接静"是静止的镜头与静止的镜头相连接。在"静接静"时只需要将镜头连接,一般没有特别的原则,而在"动接动"时要遵循以下几个原则。

● 可以连续推或连续拉,不可以做推拉镜头的衔接。连续推是前进,连续拉是后退,没有人会前后摇摆,所以推拉衔接不符合人的视觉规律。

● 可以横摇接竖摇,不可以连续横摇或者连续竖摇。人一般会连续从左看到右或从上看到下,但不会连续两次从左看到右或从上看到下,因此连续横摇和连续竖摇不符合人的视觉规律。

● 可以连续平移,不能连续升降。人在连续平移的时候没有空间限制,而升降是有空间限制的。

● "转"通常和其他运动镜头组合使用,不能连续使用。

值得一提的是,如果要动静相接,需要利用"落幅"(运动镜头终结的画面)由动变静,再接静止的画面。当然,在剪辑时,并不一定要遵循这些规律,还可以为两段素材添加转场来打破这种规律。

实现步骤

Step1 在手机中选择"设置→相机→网格"命令,将网格线打开,如图 9 - 53 所示。

Step2 打开相机,将主体放置在左侧的三分线上,如图 9 - 54 所示,在主体上点击对焦后,点击"拍摄"按钮进行拍摄。

图 9 - 53　打开网格

Step3 手持手机向前移动,在移动的时候注意保持步伐,以免镜头抖动厉害,在拍到需要聚焦的位置时设置对焦,得到效果如图 9 - 55 所示。一段素材拍摄完毕。

图 9 - 54　将主体放置在三分线上

图 9 - 55　设置对焦

Step4 寻找景点,利用"前进式句式"进行拍摄,从广场外开始进入,如图 9 - 56 和图9-57 所示。此时,点击"停止拍摄"按钮,完成第二个素材的拍摄。

图 9 - 56　广场外

图 9 - 57　进入广场

Step5　进入广场后,利用"摇"的运镜手法,观察广场上的情况。在拍摄的开始和结尾均停留 5 秒,如图 9 - 58 和图 9 - 59 所示,完成第三个素材的拍摄。

图 9 - 58　起幅

图 9 - 59　落幅

Step6　为了更好地表现春天,需要单独拍摄素材,为后面的剪辑做准备,如图 9 - 60 ~ 图 9 - 63 所示。

图 9 - 60　素材 1

图 9 - 61　素材 2

图 9 - 62　素材 3

图 9 - 63　素材 4

　　本案例包含更多素材,此处不做更多展示,详细信息可在配套资源里面查看源文件。

拓展案例

　　请根据构图、运镜等相关知识,自拟主题,制作一个分镜脚本并拍摄相关的视频素材。

第10章
【综合案例】春游记

◆ 了解项目的制作流程,能够独立制作项目。

制作完脚本和拍摄后,要对拍摄好的素材进行剪辑,本章将运用1~9章所学知识制作一个"春游记"短片,并带领读者了解项目的制作流程。

10.1 项目的制作流程

通常情况下,短视频或影片的创作都是按照一定的流程来进行的。依次分为选题、策划、拍摄和后期剪辑。下面对这几个方面进行讲解。

1. 选题

选题是指选择一个拍摄的主题,是影片开始的第一个流程。若拍摄前没有主题,会导致拍摄的东西杂乱无章,从而影响后期剪辑及成片。在选题时,拍摄者可以根据自己的喜好进行选题,如生活日常、动物等。当无头绪时,可以根据甲方诉求、受众喜好、自身优势、当前热点和节日等方面进行选题。本书的综合项目以"春天"为主题进行。

2. 策划

策划是指拍摄和后期剪辑之前的一系列分析和准备工作,通过策划能让摄影师和剪辑师在工作时做到有的放矢,准确把握影片的主题和规则。在策划时,一般需要策划拍摄风格、选好参考样片等,并产出分镜脚本。

3. 拍摄

在拍摄之前,要选好拍摄设备,拍摄时要注意一定的运镜手法和构图方法。按照分镜脚本的内容,可以多拍一些镜头,以防在后期剪辑时因素材不合格而造成不必要的麻烦。

4. 后期

后期就是运用 Premiere Pro 软件对拍摄的素材进行修整,按照分镜脚本的逻辑进行剪辑,并添加字幕、音频、视频特效及转场等元素,使影片更加完善。

10.2 效果展示

春天气息的展示视频,同时伴有卡点效果。

扫一扫二维码查看案例具体效果。

综合案例

10.3 案例分析

在制作本案例时,可以按照一定的逻辑顺序进行制作,具体介绍如下。

1. 导入素材

这部分是最基础和简单的部分,只须将案例所需的素材统一导入至项目面板即可。在原文件中,包含了第 9 章拍摄的视频素材文件夹,以及其他的图像、音频和视频素材。在使用手机拍摄时,由于编码问题,有些视频素材在 Premiere Pro 中不能显示,此时,将不能播放的视频素材添加至"格式工厂"软件中转换一下即可。

2. 添加音频

添加音频可以提高整个影片的氛围,本案例共有两个音频,一个作为片头的卡点音乐,另一个作为贯穿整个影片的音乐。在设置片头的卡点音乐时,选取波形类似的一段,如图 10 – 1 所示。添加第二段音乐时,选取音频一半的时长即可。为了后面视频素材的添加,造成卡点效果,需要为音频波形较高的位置添加标记;播放影片可发现卡点音乐的声音太大,导致与背景音乐格格不入,因此需要设置一下音量。

图 10 – 1 选取音频

3. 编辑素材

这部分是本项目最为麻烦的部分,但并不复杂,可以按照片头、内容和片尾 3 个部分进行划分,也可以按照总(片头) – 分(内容) – 总(总)的形式来理解。

1)片头

片头由两部分组成,第一部分是开幕,类似于电影开场。在制作时,使用一个蓝天白云的视频素材及一个标题进行搭建,如图 10 – 2 所示,要求先出现蓝天白云的视频,再出现标题文字。第二部分快速展示春天气息,在制作时使用一些春天的元素堆叠展示,在堆叠素材时,要注意卡点效果,每段视频素材出现的时候,恰好在音频开始的时候。并且为了效果稳定,需要选择同一景别的素材,进行快速展示。

图 10 – 2　开幕效果

2）内容

内容部分是根据镜头号的顺序来进行排序，选择视频素材中符合构图和样片参考的片段，并且注意标记的位置，每一段素材均不能超过第二个标记。

3）片尾

片尾同片头一样，也是分为两部分，第一部分是分屏展示，一个大画布上共有 9 个小的视频进行同步展示，如图 10 – 3 所示。为了实现这种分屏展示的效果，需要将它们放置在不同轨道的同一时间段，并保证 9 段素材片段的持续时间一致。这 9 段素材可以在编辑好的内容区复制过来，还可以再次添加，本案例选择前者。第二部分类似于闭幕，由图像素材和一个字幕组成。

图 10 – 3　同步展示素材

4. 添加字幕

为了增添片尾的气氛，本案例添加一个滚动字幕，字幕开始于屏幕外，而最终显示在画面最中心的位置，因此需要设置"过卷"。字幕默认的持续时间为 5 秒，在保持默认的情况下，3 秒用于滚动，2 秒用于显示即可。而本案例的帧速率为 25 fps，因此本案例设置"过卷"为 50 帧。

5. 添加视频特效

本案例中共有三处需要添加视频特效,分别是片头和片尾有绿幕背景的图像素材,以及片尾分屏展示的 9 段素材上。片头的图像素材上要设置"不透明度"关键帧来达到文字渐显的效果;片尾的图像素材上要设置"缩放"关键帧来达到素材由大到小的变化过程;而分屏展示的 9 段视频素材上要使用相同的运动效果(如缩放、位置的关键帧设置)。在设置分屏展示画面的运动效果时,可以先设置一段素材的运动效果,再对其效果进行复制,粘贴在其他 8 个素材片段上,最后对这些素材的运动效果中的位置进行精准调整。那么若要在一个画面上将 9 个视频素材平均分布,则需要对这些素材的大小进行计算,以素材缩放到 30% 为例,整个画面是 100% 显示,那么中间的空隙加起来就是 10%,如图 10 - 4 所示。

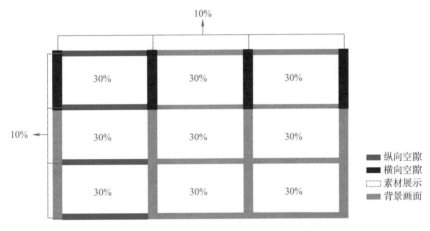

图 10 - 4　计算素材大小

由图 10 - 4 可得出,横向间隙为 27 像素,纵向间隙为 48 像素,素材大小为 576×324 像素,因此在设置这 9 个素材片段的最终位置时,可根据上述数值计算得出。

6. 为视频和音频添加转场效果

转场可以使影片更加炫酷,在本案例中不仅需要为视频素材添加转场效果,还要为音频添加转场效果。在为视频添加转场效果时,需要注意一定的剪辑规律,如不能连续横摇或竖摇,不能连续升降等,在转场插件中可以找到更炫酷的横摇或竖摇效果,在添加转场效果时,除了要遵循一定的剪辑规律,还可以根据需要的效果,对无运镜的素材自由选择转场特效。

为了使音频出现或结束时不突兀,需要为音频添加转场效果。在案例中有 2 段音频,将卡点音乐的前后均添加"指数淡化"效果,使其开始和结束更加自然;为背景音乐的结尾也添加"指数淡化"特效,并修改特效的持续时间,在画面快结束时,声音逐渐减弱。

7. 导出项目

导出项目这一步主要是设置比特率,由于原视频素材的比特率是 4 606 kbit/s,那么转换到 Premiere Pro 中就是 4.4 Mbit/s 左右(4 606/1 024),因此可以设置"目标比特率"为 4.4 Mbit/s,而"最大比特率"为 4.5 Mbit/s。

10.4　实现步骤

1. 导入素材

Step1 打开 Premiere Pro 软件,新建项目,将项目命名为"【综合案例】春游记",单击"确定"按钮,新建项目。

Step2 按【Ctrl + N】组合键,弹出"新建序列"对话框,如图 10 - 5 所示。

图 10 - 5　"新建序列"对话框

Step3 执行"文件→导入"命令(或按【Ctrl + I】组合键),导入"蓝天白云.mp4"、"MZ-2. mp4"视频素材、"MZ-1. mp3"音频素材和"春游记.png"图像素材,以及"拍摄"视频素材文件夹至"项目"面板中,如图 10 - 6 所示。

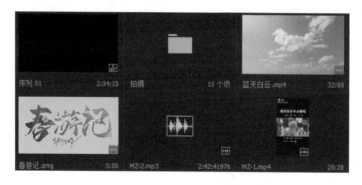

图 10 - 6　导入素材文件

2. 添加音频

Step1 将"MZ1. mp4"视频素材的音频部分添加至 A1 轨道的 4 秒 8 帧的位置,在波形较高的位置前面添加标记,并删除后面多余的音频片段,如图 10 - 7 所示。

Step2 将"MZ2. mp3"音频素材添加至 A2 轨道上,删除 1 分 22 秒后面的音频片段。

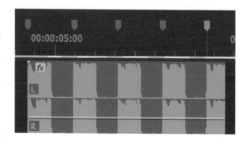

图 10 - 7　删除多余片段

Step3 播放音频,在图 10 - 8 所示的位置添加标记。

1—00:00:18:09　　2—00:00:20:15　　3—00:00:24:03　　4—00:00:35:16　　5—00:00:38:08　　6—00:00:45:21

7—00:00:48:03　　8—00:00:51:14　　9—00:00:55:00　　10—00:01:01:21　　1—00:01:05:07

图 10 - 8　添加标记

Step4 将时间滑块定位在 A1 轨道的素材上,在"音频剪辑混合器"面板中,将其音量设置为 -10,如图 10 -9 所示。

3. 编辑素材

Step1 将"蓝天白云.mp4"视频素材添加至 V1 轨道上,并设置其速度为 740%。

Step2 将"春游记.png"素材添加至 V2 轨道上 1 秒 8 帧的位置,并设置图像素材的持续时间为 3 秒,如图 10 -10 所示。

图 10 - 9　设置 A1 轨道上素材的音量　　　　图 10 - 10　修改素材的持续时间

Step3 将"桃花.mp4"视频素材的 32 秒 9 帧至 33 秒 12 帧素材片段的视频部分添加至 V1 轨道上,使头部编辑点与第一个标记对应,如图 10 - 11 所示。

Step4 将"杏花 2.mp4"视频素材的 8 秒 8 帧至 9 秒 9 帧素材片段的视频部分添加至 V1 轨道上。使头部编辑点与第一个标记对应。

Step5 将"小草.mp4"视频素材的 8 秒 3 帧至 9 秒 5 帧素材片段的视频部分添加至 V1 轨道上。

Step6 按照 Step1 ~ Step4 的方法,选取"绿植.mp4"视频素材的 10 秒 6 帧 ~ 11 秒 8 帧和"迎春花 3.mp4"视频素材的 45 秒 21 帧 ~ 46 秒 14 帧的素材片段的视频部分添加至 V1 轨道上,如图 10 - 12 所示。

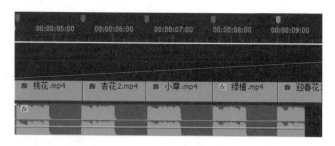

图 10 – 11　编辑点和标记相对应　　　　图 10 – 12　选取素材片段至 V1 轨道上

Step7 选中"绿植.mp4",将其旋转角度设置为 – 90,调整前后如图 10 – 13 所示。

调整前

调整后

图 10 – 13　调整素材旋转角度

Step8 将"走路.mp4"视频素材添加至 V1 轨道上,将 11 秒 13 帧后面的素材片段删除,并将剩余的素材片段的速度设置为 150%,如图 10 – 14 所示。然后删除素材中的音频部分。

Step9 将"建筑1.mp4"视频素材添加至 V1 轨道上,删除 18 秒 9 帧后面的素材片段,使尾部编辑点与序列相对应,删除素材中的音频部分。

Step10 将"粉色迎春花.mp4"视频素材的 13 秒 21 帧~16 秒 01 帧之间视频部分的素材片段添加至 V1 轨道上,使其处于两个标记之间,如图 10 – 15 所示。

图 10 – 14　设置速度为 150%

图 10 – 15　添加素材

Step11 将"绿植.mp4"视频素材添加至 V1 轨道上,删除 24 秒 6 帧后面的素材片段,使其处于两个标记之间,删除素材中的音频部分。

Step12 按照 Step7 的方法,调整"绿植 . mp4"视频素材的旋转角度。

Step13 将"建筑 2. mp4"视频素材添加至 V1 轨道上,删除 28 秒 11 帧后面的素材片段,并删除素材中的音频部分。将素材片段的速度调整为 150%。

Step14 将"建筑 2-1. mp4"视频素材添加至 V1 轨道上,删除 35 秒 12 帧后面的素材片段,并删除素材中的音频部分。

Step15 将"迎春花 1. mp4"视频素材添加至 V1 轨道上,删除 41 秒 2 帧后面的素材片段,并删除素材中的音频部分。将素材片段的速度调整为 200%。

Step16 将"迎春花 2. mp4"视频素材添加至 V1 轨道上,删除 44 秒 13 帧后面的素材片段,并删除素材中的音频部分。将素材片段的速度调整为 166%。

Step17 将"迎春花 3. mp4"视频素材的 44 秒 10 帧 ~ 48 秒 4 帧之间的视频部分添加至 V1 轨道上。

Step18 复制 V1 轨道上的"桃花 . mp4"至 45 秒 21 帧的位置,使其头部编辑点与标记相对应。

Step19 使用"选择工具"▶拖动素材片段尾部编辑点,使素材片段的时长为 4 秒,使用"比率拉伸工具"▦调整素材片段的持续时间为 2 秒 7 帧。

Step20 继续将"杏花 1. mp4"视频素材添加至 V1 轨道上,并使用"选择工具"▶拖动素材片段尾部编辑点,使素材片段的时长为 3 秒 11 帧。

Step21 复制 V1 轨道上的"杏花 2. mp4"至 51 秒 14 帧的位置,并使用"选择工具"▶拖动素材片段尾部编辑点,使素材片段的时长为 4 秒 8 帧,使用"比率拉伸工具"▦调整素材片段的持续时间为 3 秒 11 帧。

Step22 将"杏花 1. mp4"视频素材的 20 秒 22 帧 ~ 27 秒 17 帧之间的视频部分添加至 V1 轨道上。

Step23 将"刚发芽的小树 . mp4"视频素材的视频部分添加至 V1 轨道上,删除 1 分 12 秒 17 帧前面的素材片段及波纹。

Step24 复制 V1 轨道上的"小草 . mp4"至 1 分 5 秒 8 帧的位置,并使用"选择工具"▶拖动素材片段尾部编辑点,使素材片段的时长为 3 秒 10 帧。

Step25 依次复制"粉色迎春花""迎春花 1""杏花 1""小草""绿植""迎春花 3""杏花 2""刚发芽的小树""桃花"9 个视频素材的片段,添加至 V1 ~ V9 的轨道上,并将其持续时间调整一致,如图 10 - 16 所示。

Step26 将"春游记 . png"图像素材添加至 V1 轨道上,图像和视频素材编辑完成,最终如图 10 - 17 所示。

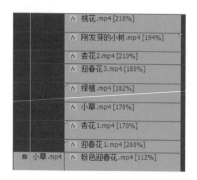

图 10-16　设置素材的持续时间

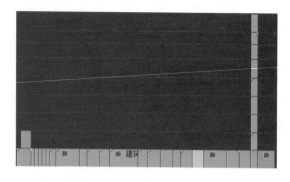

图 10-17　轨道上的素材

4. 添加字幕

Step1 执行"字幕→新建字幕→默认滚动字幕"命令，会弹出"新建字幕"对话框，在对话框中设置名称为"尾部字幕"，如图 10-18 所示。

图 10-18　设置字幕名称

Step2 在"字幕"窗口输入文本，字体、位置、字体大小及颜色设置如图 10-19 所示。

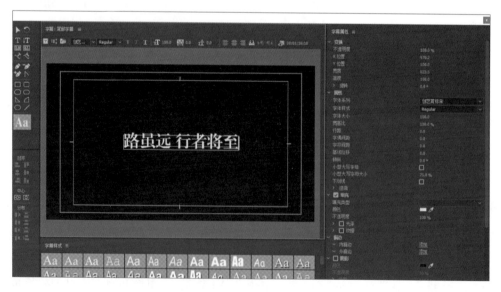

图 10-19　输入文本

 单击"滚动/游动选项"按钮 ，打开"滚动/游动选项"对话框，在对话框中勾选"开始于屏幕外"复选框，设置"过卷"为 50 帧，如图 10 - 20 所示。单击"确定"按钮，并关闭"字幕"窗口。

图 10 - 20　设置滚动选项

Step4 将创建好的字幕添加至 V2 轨道的 1 分 14 秒 18 帧的位置，如图 10 - 21 所示。

图 10 - 21　添加字幕到 V2 轨道上

5. 添加视频特效

Step1 选中"蓝天白云 . mp4"视频素材，为其添加"裁剪"特效，在"效果控件"面板中分别开启顶部和底部的关键帧，并设置数值为 50%，如图 10 - 22 所示。

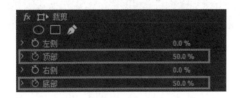

图 10 - 22　设置裁剪关键帧 1

Step2 在 3 秒处依次为顶部和底部添加关键帧，并设置数值为 0%，如图 10 - 23 所示。

图 10 - 23　设置裁剪关键帧 2

Step3 选中"春游记 . png"图像素材，为其添加"超级键"特效，将绿色背景设置为透明,如图 10 - 24 所示。

不透明　　　　　　　　　　　　　　　透明

图 10 - 24　去除背景颜色

Step4 在"春游记.png"图像素材头部编辑点的位置,添加"不透明度"关键帧,并设置数值为 0%,在 3 秒 15 帧的位置添加关键帧,并设置数值为 100%。

Step5 将"春游记.png"图像素材和"蓝天白云.mp4"视频素材嵌套为序列,并设置序列名称为"标题",如图 10 - 25 所示。

图 10 - 25　嵌套序列

Step6 隐藏 V2 ~ V9 轨道上的素材。选择第 2 段"粉色迎春花.mp4"素材,在头部编辑点处添加"缩放"的关键帧,在 1 分 9 秒 9 帧的位置再次添加关键帧,设置数值为 30%。

Step7 再打开"位置"关键帧,设置 x 轴和 y 轴数值分别为 338 和 190,如图 10 - 26 所示,得到的画面效果如图 10 - 27 所示。

图 10 - 26　设置关键帧　　　　　　10 - 27　设置素材位置 1

Step8 显示 V2 轨道,复制第 2 段"粉色迎春花.mp4"素材的运动属性,将其粘贴到 V2 轨道上的"迎春花 1.mp4"视频素材上,将时间滑块定位在"位置"的第 2 个关键帧处,将 x 轴数值改为 1 576,如图 10 - 28 所示。

图 10 - 28　设置素材位置 2

Step9 显示 V3 轨道,再将"粉色迎春花.mp4"素材的运动属性粘贴到 V3 轨道上的素材中,并更改位置的第 2 个关键帧处的数值为 892,如图 10 - 29 所示。

图 10 - 29 调整素材位置 3

Step10 按照 Step5 ~ Step8 的方法,设置 V5 ~ V8 轨道上视频素材的位置及缩放,如图 10 - 30 所示。

图 10 - 30 调整素材位置及缩放

Step11 将中间两个纵向的视频素材的旋转角度设置为 - 90,如图 10 - 31 所示。

图 10 - 31 调整素材的旋转角度

Step12 显示 V9 轨道,复制 V8 轨道上素材的运动属性,将其粘贴到 V9 轨道上的素材中,清除"位置"参数中的所有关键帧,并单击"重置参数"按钮 ⟳ ,清除位置参数,达到默认的居中效果,如图 10 – 32 所示。

图 10 – 32   清除"位置"关键帧

🔵 **Step13** 选中 1 分 8 秒 18 帧 ~ 1 分 10 秒 18 帧时间段的素材片段,如图 10 – 33 所示,将其嵌套为序列,并设置嵌套序列的名称为"展示画面",如图 10 – 34 所示。

图 10 – 33   选中素材

图 10 – 34   嵌套序列

🔵 **Step14** 选中后面的"春游记 . png"图像素材,为其添加"超级键"特效,将其背景改为透明。

🔵 **Step15** 将时间滑块定位在"春游记 . png"图像素材头部编辑点的位置,激活"缩放"关键帧,在 1 分 13 秒 15 帧的位置添加关键帧,并设置数值为 30。

6. 为视频和音频添加转场效果

🔵 **Step1** 在"效果"面板中搜索"拉动",将"Impact 拉动"转场效果添加至 V1 轨道上第 1 段与第 2 段视频素材的中间,如图 10 – 35 所示。

🔵 **Step2** 选中转场效果,在"效果控件"面板中,设置对齐方式为"中心切入",如

图 10 – 36 所示。

图 10 – 35　添加转场效果 1　　　　　图 10 – 36　中心切入

Step3 在"效果"面板中搜索"缩放模糊",将"Impact 缩放模糊"转场效果添加至 V1 轨道上第 2 段与第 3 段视频素材的中间,如图 10 – 37 所示。然后设置转场效果的持续时间为 10 帧。

图 10 – 37　添加转场效果 2

Step4 按照 Step2 和 Step3 的方法依次为第 3、4 段,第 4、5 段,第 5、6 段之间的编辑点处添加"Impact 波浪"、"Impact 耀斑"和"Impact 发光"转场效果,并设置它们的持续时间均为 10 帧,如图 10 – 38 所示。

图 10 – 38　添加转场效果 3

Step5 在"走路.mp4"与"建筑1.mp4"视频素材的衔接处添加"Impact 伸展"转场效果,选中效果,在"效果控件"面板中设置效果参数,如图 10 – 39 所示。

Step6 在"迎春花2.mp4"和"迎春花3.mp4"视频素材的衔接处再次添加"Impact 推动"转场效果,选中效果,在"效果控件"面板中设置效果参数,如图 10 – 40 所示。

图 10 – 39　设置效果参数 1　　　　　图 10 – 40　设置效果参数 2

Step7 在"迎春花2.mp4"和"迎春花3.mp4"视频素材的衔接处再次添加"Impact 模糊溶解"转场效果,选中效果,在"效果控件"面板中设置效果参数,如图 10 – 41 所示。

Step8 在"春游记.png"图像素材和"尾部字幕"字幕素

图 10 – 41　设置效果参数

材的尾部编辑点处均添加"交叉溶解"转场效果,设置持续时间为 1 秒。

Step9 为 A1 轨道上音频的编辑点处均添加"指数淡化"转场效果,设置其持续时间为 10 帧。

Step10 为 A2 轨道上素材的尾部编辑点处添加"指数淡化"转场效果,并设置持续时间为 4 秒。

7. 导出项目

Step1 按【Ctrl + S】组合键保存项目。

Step2 按【Ctrl + M】组合键,弹出"导出设置"对话框,在对话框中设置格式为 H.264,如图 10 - 42 所示。

Step3 选择存储位置,并设置"比特率编码"为 VBR,1 次,设置"目标比特率"为 4.4,"最大比特率"为 4.5,如图 10 - 43 所示。单击"导出"按钮,导出项目。

图 10 - 42　设置格式　　　　　　　　图 10 - 43　设置比特率

拓展案例

请参照本章项目的实现过程,利用第 9 章拍摄的视频素材制作一个项目成片。